蔬菜栽培技术

郝俊邦　主编

吉林科学技术出版社

图书在版编目（CIP）数据

蔬菜栽培技术 / 郝俊邦主编． -- 长春 ： 吉林科学
技术出版社，2021.7
ISBN 978-7-5578-8406-2

Ⅰ．①蔬… Ⅱ．①郝… Ⅲ．①蔬菜园艺 Ⅳ．① S63

中国版本图书馆 CIP 数据核字（2021）第 130212 号

蔬菜栽培技术

主　　编	郝俊邦	
出 版 人	宛　霞	
责任编辑	汤　洁	
封面设计	李　宝	
制　　版	宝莲洪图	
幅面尺寸	185mm×260mm	
开　　本	16	
字　　数	240 千字	
印　　张	10.75	
印　　数	1-1500册	
版　　次	2021年7月第1版	
印　　次	2022年1月第2次印刷	
出　　版	吉林科学技术出版社	
发　　行	吉林科学技术出版社	
地　　址	长春净月区福祉大路 5788 号出版大厦 A 座	
邮　　编	130118	

发行部电话/传真　　0431—81629529　　　　81629530　　　　81629531
　　　　　　　　　　　81629532　　　　81629533　　　　81629534

储运部电话　0431—86059116

编辑部电话　0431—81629520

印　　刷	保定市铭泰达印刷有限公司	
书　　号	ISBN 978-7-5578-8406-2	
定　　价	45.00 元	

前　言

蔬菜是人们日常生活的必需品，也是国内国际市场流通领域的重要商品，开发"无公害"蔬菜生产有着重要的意义：一是为市场提供高品质、无污染的蔬菜，最大限度地满足城乡人民对"菜篮子"的需求，保障人们的身心健康，提高生活质量；二是通过研制、筛选和配套、综合开发应用"无公害"蔬菜生产技术，可以促进生态环境和生态技术的形成，用地与养地的结合，资源保护和合理利用的结合；保护和改善农业生态环境的良性循环，提高生态效益；三是可以带动产品的包装、加工、销售、运输、贮藏等环节的开发与兴起，繁荣市场，壮大经济。总之，发展应用"无公害"蔬菜生产有很高的经济效益、社会效益和生态效益。

发展绿色食品蔬菜种植，对保护农业生态环境，提升农产品质量有着重要意义，保证消费者身体健康的同时，还有助于提高菜农的经济收入，对农村经济建设有着深远影响。在我国农业结构与消费市场环境发生激烈变化的当下，发展绿色食品蔬菜种植已经成为农业生产中迫在眉睫的工作。

随着消费者对蔬菜农产品的要求不断提升，对蔬菜种植有了更高的要求，蔬菜农产品必须确保质量安全，在进行病虫害防治与水肥管理工作时，不仅要保证较好的病虫害防治效果与充足的水分、养分供应，让蔬菜能够健康生长，还要注意保护树草种植区域周边的生态环境，避免土壤退化、农药残留等问题的出现。另外，农业发展必须以适应消费市场变化需求为中心，注重提升农产品品质为首要任务，同时还要关注生态环境的保护。目前的农产品市场消费者需求发生了转变，蔬菜种植不再是追求产量就能满足市场需求，而是要注重提供品质更高的绿色食品蔬菜，这也是农业发展的必然趋势。还有就是我国目前已经加入世贸组织，国内市场会逐渐与国际市场接轨，要想实现我国农产品的出口贸易，提升我国农产品在国际市场中的竞争力，就必须发展绿色食品蔬菜。在发展无公害绿色蔬菜种植时，我们要结合当地实际情况，发挥环境优势，根据市场需求合理选择蔬菜的种植品种，保证绿色蔬菜栽培技术的有效应用，这样才能推动农业的进一步发展。

目　录

第一章　农业栽培的可持续化发展 ……………………………………………1

　　第一节　农业产业化：理论依据与可持续发展 ……………………………1

　　第二节　农业机械化与农业经济可持续发展 ………………………………11

　　第三节　农业机械化技术推广的可持续性 …………………………………14

　　第四节　农业经济管理信息化的可持续发展 ………………………………16

　　第五节　农业资源的现代化管理与可持续利用 ……………………………18

　　第六节　农业机械化培训推动现代农业可持续发展 ………………………20

　　第七节　发展机械化保护性耕作促进农业可持续发展 ……………………23

第二章　蔬菜栽培技术的理论研究 ……………………………………………27

　　第一节　蔬菜栽培技术要点 …………………………………………………27

　　第二节　蔬菜栽培五项实用技术 ……………………………………………30

　　第三节　农业蔬菜栽培技术探讨 ……………………………………………32

　　第四节　设施蔬菜栽培连作障碍 ……………………………………………35

　　第五节　温室蔬菜栽培的环境条件 …………………………………………37

第三章　蔬菜育苗技术 …………………………………………………………40

　　第一节　设施蔬菜的育苗技术 ………………………………………………40

　　第二节　夏秋蔬菜育苗技术 …………………………………………………44

　　第三节　春季蔬菜育苗的技术 ………………………………………………47

　　第四节　蔬菜嫁接育苗技术要求 ……………………………………………51

　　第五节　适宜北方地区的蔬菜育苗技术 ……………………………………53

　　第六节　高山蔬菜集约化育苗技术 …………………………………………57

　　第七节　大棚蔬菜育苗技术 …………………………………………………60

第四章　无公害蔬菜栽培技术 ··· 62

第一节　无公害蔬菜栽培技术要点 ··· 62

第二节　反季节无公害蔬菜栽培技术 ··· 64

第三节　反季节无公害蔬菜栽培技术推广 ····································· 67

第四节　无公害蔬菜栽培技术的思考 ··· 69

第五节　无公害蔬菜栽培的关键技术 ··· 71

第六节　蔬菜无公害栽培植保技术 ··· 73

第七节　无公害蔬菜保优栽培技术 ··· 75

第五章　露地蔬菜栽培技术 ··· 78

第一节　露地蔬菜栽培技术概述 ··· 78

第二节　露地蔬菜生态栽培新技术 ··· 80

第三节　露地蔬菜栽培效益技术模式 ··· 82

第四节　露地蔬菜无害化高效栽培技术 ······································· 84

第五节　高原地区露地蔬菜有机栽培技术 ····································· 86

第六节　反季节蔬菜的露地栽培技术 ··· 89

第七节　各类果蔬的栽培技术 ··· 91

第六章　大棚蔬菜栽培技术 ·· 107

第一节　农业大棚蔬菜栽培技术概述 ·· 107

第二节　大棚蔬菜栽培管理技术要点 ·· 109

第三节　设施大棚蔬菜栽培技术的提高 ······································ 112

第四节　大棚蔬菜高产高效栽培关键技术 ···································· 115

第五节　蔬菜大棚种植反季节栽培技术 ······································ 117

第六节　蔬菜种植空闲期的大棚栽培草菇技术 ································ 120

第七节　冬季大棚蔬菜要高产栽培的管理技术 ································ 123

第七章　盆栽蔬菜栽培技术 ·· 126

第一节　盆栽观赏蔬菜栽培管理技术 ·· 126

第二节　蕺菜仿野生栽培技术 ·· 129

第三节　盆栽蔬菜栽培技术改革 ·· 132

第四节　盆栽蓝莓的栽培管理技术 ································· 134

第五节　冬种阳台盆栽叶菜的栽培技术 ························· 136

第六节　盆栽樱桃番茄栽培技术 ······························· 138

第七节　有机辣椒的盆栽技术 ································· 142

第八章　蔬菜病虫害防治技术 ··························· 145

第一节　蔬菜病虫害防治技术指导 ······················· 145

第二节　绿色蔬菜病虫害防治技术 ······················· 147

第三节　无公害蔬菜病虫害防治技术 ····················· 148

第四节　植物保护之蔬菜病虫害防治技术 ················· 150

第五节　设施农业蔬菜病虫害防治技术 ··················· 152

第六节　棚室蔬菜病虫害防治技术 ······················· 154

第七节　农业信息化与蔬菜病虫害防治技术 ··············· 159

参考文献 ··· 162

第一章 农业栽培的可持续化发展

第一节 农业产业化：理论依据与可持续发展

实施可持续发展战略，推进国民经济和社会全面发展，是党和国家制定发展规划的总体目标。农业产业化经营是实现可持续发展战略和目标的重要途径之一。文章从理论基础、可持续发展效用、运行规律入手，以经济可持续发展角度，对农业产业化组织形式、制度、目标等关联性进行探讨分析，对农业产业化发展现状、面临问题进行归纳和概括，依据理论和实际对各种经营形式的适应条件、经营风险、优缺点进行总结，提出搞好农业产业化可持续发展既要有政府政策支持，也要遵循市场规律，更要重视农业科学技术创新和应用，最后，还要选择适合的产业模式等措施。

农业产业化是作为一个新的农业发展战略而被提出，充分显示了这一发展战略给农业和国民经济带来的积极促进作用。农业产业化起源于 20 世纪 50 年代的美国，在国际上称之为"农业产业一体化"（Agricultural Integration）。随后传入西欧和日本等发达国家，经历近半个世纪的发展和深化运动，形成高度发达的产业。

我国农业产业化是经济体制深化改革和市场农业发展的产物。在农业和农村经济由计划经济向市场经济转型的过程中，一些新问题和新矛盾不断显现，影响到了农业发展步伐，为此全国各地开始了农业产业化道路的探索和实践。1993 年山东潍坊市提出"确立主导产业，实行区域布局，依靠龙头带动，发展规模经营"的农业发展思路，收到良好的效果，并得到中央政府高度肯定。1996 年被写入《国民经济和社会发展"九五"计划和 2010 年远景规划纲要》，农业产业化开始全面向全国推广。1987 年以来，农业产业化的发展经历了 27 个年头，已被大众广泛认同为是我国农业发展的必经之路。

一、农业产化可持续发展理论分析

农业作为满足人类需求的最基本、最古老的经济产业和生产活动，自从人类社会大分工以来，一直长盛不衰，为人类繁衍生息和社会发展提供永恒动力。可持续发展作为一种全新的发展模式，广泛应用于各个领域。

（一）可持续发展概念

可持续发展是指既要满足当代人需求，又不削弱满足子孙后代需求的发展，具体而言，既要在发展经济的同时，充分考虑环境、资源和生态的承受力，保持人和自然和谐，又要实现自然资源的持久利用，实现社会的持久发展。

（二）农业产业化概念

农业是国民经济的基础，又是可持续发展的根本保证和优先领域。农业产业化是可持续发展观念的延伸和应用。"农业产业化"作为一个新的农业发展战略而被提出，充分显示了其给农业和国民经济带来的积极促进作用。

所谓农业产业化是指"以国内市场为导向，以提高经济效益为中心，对当地农业的支柱产业和主导产品，实行区域化布局、专业化生产、一体化经营、社会化服务、企业化管理，把产供销、农工贸、经科教紧密结合起来，形成一条龙的经营体制"。

（三）农业产业化经营组织形式

"龙头"企业带动型。即"公司＋基地＋农户"模式是最先兴起的农业产业化的形式。是以企业为龙头，带动农户从事专业生产，在保持农户单独从事生产的基础上，将农产品加工、运销集中到企业来经营，与生产基地和农户实行有机联合，进行一体化经营，形成"风险共担，利益共享"的经济共同体。这种形式主要体现在种植业、养殖业和外向型企业。它有以下几个特点：一是企业与农户都是独立的经济实体，农民与企业只是契约关系；二是公司（企业）与生产基地或农户签订产销合同，规定签约双方的责、权、利关系，企业给基地和农户一定的扶持政策，提供服务，设立产品最低保证，并保证优先收购，农户按合同向企业交售优质产品。其缺陷是受制于资金不足以及缺乏抵押性资产和契约不能对当事人构成有效的约束。

主导产业带动型。主导产业＋基地农户。从利用当地资源优势，发展特色农业，走专业化发展道路，围绕主导产业、支柱产业、"拳头产品"进行一体化经营，形成利益共享、风险共担的经营共同体。主导产业带动型能够变自然资源优势为生产优势和经济优势，常见于我国自然资源禀赋独特、经济效益明显的地区。如中国的西部地区，拥有可供开发的荒废土地资源，按产业化经营思路进行设计规划，若干年后就能形成新的主导产业和新的生产系列，起到发展农村经济目的。

市场带动型。专业市场＋农户。市场带动型是指通过兴建各种农业专业市场或交易市场，发挥市场龙头作用，拓宽商品流通渠道，带动农业的区域化、专业化生产和农产品的产加销一体化经营模式，促进农业主导产业、支柱产业的发展。该模式特点有二：一是以合同或联合体的形式，把农户纳入市场体系；二是以市场为纽带，把农户与客户联结起来，有效地降低了交易成本，提高了农产品的营销效率和经济效益。这种模式在各地都有，可带动一方产业，促进当地发展，具有广阔的发展前景。

合作组织带动型。合作组织＋基地组织。在市场经济中，农户因市场垄断、信息不对称、交易成本过高、抗风险能力低等原因在市场谈判和交易中处于劣势地位。为了分散和抵御市场风险，以及维护自身经济利益。近年来，各地出现了农户自发联合或政府引导下创办农业合作社、专业协会等经济组织，形成联系紧密的经济利益共同体，实行"贸工农一体化、产加销一条龙"式的综合经营模式，从而形成"农业合作经济组织带动型农业产业化"。

（四）农业产业化发展的理论依据

理论是行动的先导，缺乏科学的理论指导，人们就没有正确的实践。实践呼唤着理论的指导，理论的深化必将加快农业产业化的健康发展。

1. 组织创新与制度变迁理论

农业产业化是农业生产经营组织形式和制度的演变，是社会生产力和生产关系矛盾运动的必然结果。

组织和制度的变迁通常表现为一种新的制度安排逐步代替旧的制度安排，一种新的行为规则逐步取代旧的行为规则的社会过程。在这个过程中，社会生产力是促进社会生产方式的不断调整和变化的决定性因素。而社会系统理论认为，组织是一种协作关系，它的产生和存续，以其提供或分配成员的"诱因"大于或等于各成员"贡献"为条件；从经济学角度看，一种新的经济组织的产生，必将具有降低市场交易成本、减小进入市场障碍、利于分工协作、取得规模优势等许多功能，是其成员预期"诱因"大于"贡献"和利益驱动作用的结果；从制度变迁角度看，制度变迁的实质，是通过新的制度安排，使显露在现行制度结构之外的利润内部化，从而达到资源配置和利用的"帕累托最优"。农业产业化是一种更合乎经济发展规律的新的制度创新。由于技术进步等因素的影响，原来有效的农业制度就会变成非有效的，农业产业化就是在这种新的经济机制条件下，产生的一种诱致性的制度变迁。它是经济发展的内在动力所推动和引致的自发性制度。实践证明，这种制度非常适合现代农业的发展需要，具有完全的科学性和合理性。

2. 分工协作理论

劳动创造人类，分工协作提高了劳动的层次和效率。分工协作，是人类走向文明的伴生物，是生产社会化和社会生产力发展的标志。

分工是由于人的技术和能力不同而产生的，协调是为了实现群体目标。人类对分工协作的研究从未间断过，其中主要代表是亚当·斯密、马克思、马歇尔、亨利·法约等人。而亚当·斯密在《财富的性质和原因的研究》中认为，"劳动生产力最大的增进以及运用劳动时所表现的更大的熟练、技巧和判断力，似乎都是分工的结果"，他系统地分析了分工协作带来效率提高的原因。马克思认为，"生产力发展，归根到底总是……来源于社会内部的分工"，同时指出，"通过协作，不仅提高了个体生产力，而且创造了一种生产力，这种生产力本身必然是集体力"。阿尔弗雷·马歇尔对分工协调的研究主要体现在报酬递增规律和工业组织上。他认为，"自然也就是土地在生产上所起的作用表现出报酬递减的倾向，而人类的作用即劳动、资本和组织的作用表现出报酬递增上的倾向"。亨利·法约则认为，劳动分工属于自然规律的范畴，其目的是同样的劳动得到更多的成果。而现代分工协作理论向更深层次、更广领域发展，其遍及各个部门、各个领域、各个行业，范围十分广泛，水平也相当高。而协作创造一种集体生产力、提高个体与整体劳动效率、节约交易成本。

3. 规模经济理论

规模经济，又称规模节约或规模利益，是指因生产或经营规模扩大、平均成本下降、收益上升的趋势。经济增长是人类社会最为关注的话题之一。新古典经济学一直把它看作为递增报酬的源泉。马克思认为，"在其他条件不变时，商品的便宜取决于劳动生产率，而劳动生产率又取决于生产规模"。马歇尔则将规模经济产生的原因归结为组织创新的作用，并认为，"劳动和资本的增加，一般导致组织的改进，而组织的改进增大劳动和资本的使用效率"。而西方经济学认为，"规模经济是由于技术进步为主体的生产诸要素的集中程度决定的"。对以上概括总结规模经济定义为："规模经济又称规模利益，是指因生产或经营规模的扩大、平均成本下降、收益上升的趋势。"农业产业化是实现农业规模经营的一条重要途径。农业产业化发展是通过集中化、专业化、一体化生产形式来进行的。农业产业化发展不仅有利于扩大经营主体的规模，还有利于形成关联产业群的优势。发达国家农业发展经验表明，农业发展也就是生产规模不断扩大的过程。

4. 经济创新理论

经济学家约瑟夫·熊彼特提出了"经济创新理论"。它是"建立一种新的生产内涵"把一种从来没有过的关于生产要素和生产条件的"重新组合"引入生产体系。熊彼特的"创新"、"新组合"或"经济发展"包括以下五种情况：（1）引进新产品；（2）引用新技术，即新的生产方法；（3）开辟新市场；（4）控制原材料的新供应来源；（5）实现企业的新组织。

根据经济创新论，结合农业产业化的内涵来看，基本上符合约瑟夫·熊彼特的"经济创新"观点。第一，从宏观上来看，农业产业化的实质是实现农业和农村经济的市场化和社会化，以及形成三大产业（即第一、二、三产业）部门联合、协同运行的一种新型经营体制；从微观上看，农业产业化的核心是通过产权、契约关系，来实现农业生产经营的专业化、经济组织的集成化和管理的企业化。因此，不论从宏观上还是从微观上看，都是农业经营体制和组织形式创新。第二，农业产业经营组织，实际上已经"掠取或控制原材料或半制成品的一种新的供应来源"，而不管"这种来源是已经存在的，还是第一次创造出来的"。第三，实行农业产业化经营，对于农户而言，无疑是开辟了"一个新的市场，也就是有关国家的某一制造部门以前不曾进入的市场，不管这个市场以前是否存在过"。第四，农业产业化是通过完善农业社会化服务来实现的。因此，农业产业化经营会采用"新的生产方法，也就是在有关的制造部门中尚未通过经验检定的方法，这种新的方法绝不需要建立在新的科学发现的基础之上。并且，也可以存在于商业上处理一种产品的新的方式之中"。第五，农业产业化经营也会采用或引进一种以上的新产品。

二、农业产业化可持续发展的效用分析

随着农业产业化理论和实践不断完善，中国农业产业化发展初具规模，作为社会主义市场经济的生产经营方式和产业组织形式，在稳定农业基础地位、实现制度创新、加快农村经济可持续发展、推动农村剩余劳动力转移方面发挥着重要作用。

（一）农业产业化有效推进了农业可持续发展制度创新

农业产业化不仅是生产力发展的必然产物，而且也是实现农业可持续发展的重要途径，更是推进农业制度创新的动力源泉，符合农业可持续发展方向。

人多地少，人地矛盾突出是我国的基本国情。农业生产必须由粗放型向集约型经营转变，是我国农业可持续发展道路上的必然选择。从我国的农业产业化发展过程来看，它的出现和发展有着客观必然性。

一方面，农业产业化是社会生产力发展到一定阶段的必然产物。家庭联产承包责任制度创新，带来了劳动生产率的提高，农业生产迅速恢复和发展起来，在客观上产生了具有农业产业化经营特征的农工商一体化的产业联系特征。农业产业化是继施行家庭联产承包责任制和创办乡镇企业之后，我国农民和有关各方的又一次伟大创举。农业产业化经营突破了原有双层经营的局限性，既解决传统农业向现代农业转变过程中出现的矛盾，又丰富了为农户服务的内容，提高了服务的水平。同时，还有利于把农村中劳动力资源、土地极其分散生产要素有效组织起来，达到规模经济和资源配置的目的。另一方面，农业产业化是农产品市场化竞争日趋激烈的要求。随着市场经济体制的建立和农地制度的创新，提高了农业生产率，增加了农产品交易规模。这对于以农户为单位的农产品生产，无论是资金、技术、信息，还是经营管理方面，都无力参与正常的市场竞争。尤其是加入 WTO 后，农产品竞争更加激烈，"小生产"和"大市场"之间的矛盾日益加剧，客观上要求将分散的农户组织起来开展规模化经营。因此，马克思指出"在其他条件不变时，商品的便宜取决于劳动生产率，而劳动生产率又取决于生产规模。"很显然，作为一项产业的农业，没有理由不像其他产业一样获得规模经济效益。以"龙头"企业带动型、主导产业带动型、市场带动型等主要形式的农业产业化经营模式孕育而生。

（二）农业产业化有效加快农村经济可持续发展目标的实现

《中国 21 世纪议程》明确提出我国农业和农村发展目标是保持农业生产率稳定增长，保障粮食生产安全，促进农村经济发展，改善农村贫穷落后局面，保护和改善农业生态环境，合理利用和保护自然资源，以满足国民经济发展和人民生活的需要。

可持续农业是一种保护环境、技术适当、经济可行、社会上能接受的农业。而农业产业化从本质上来说是一种新的经营体制，通过将农业生产的整个过程从产前、产中、到产后有机结合起来，在实现"小市场"和"大市场"相结合的同时，也保证家庭联产承包责任制度得到延续。近几年来，农业产业化经营已经在农业和农村经济中显示出巨大的生机

和活力，发挥着强化农业产品供给、实现劳动力的转移、增强农民收入、凸显农业生态保护等功能。

由于农业产业化和农业可持续发展之间存在本质联系，二者都是从生态、经济与社会的良性循环的角度来解决问题。因此，我国各地政府高度重视，通过积极实施农业产业化经营，努力寻找能发挥区域优势的产业进行扶持，通过专业化生产、一体化经营等不同经营方式，实现资源的优化配置，最终实现农业可持续发展目标。

要实现农业可持续发展目标，首先必须要求农户保持一个相对稳定或略有提高的农作物播种面积以保证数量充足的产品供给。农户和工商企业即农业的主体虽然可以向市场提供产品，但是在市场经济条件下，农业产业主体进行生产与经营是追求自身经济利益最大化，而不是以向市场提供安全产品为目标。用西方经济学的观点来理解，是农业产业化的内部存在"内部经济"和"外部经济"的问题。虽然二者的目标有相悖之处，但是在一定的条件下，通过资源配置可以有效地将二者统一起来，如对农业主体企业进行财政补贴、减免税等方式。

其次，推行农业产业化，有助于提高农民收入，促进农村经济可持续发展。但是，在市场经济条件下，农业产业化各主体之间都有自己利益，主体之间利益分配不均时常发生，则必然会导致农户利益受损，市场风险加大，也就达不到增加农户收入，促进农村经济发展的目标。通过转变发展方式，促进传统农业向现代农业转变，走农业集约化经营与规模经营模式，注重经济发展的质量与效益的提高，是解决农业产业化主体之间分配不均问题的有效方法。

再次，由于农业产业化不仅仅是停留在初级农产品的生产上，还要通过科学技术，提升农副产品加工部门工作效率，拓宽加工部门生产领域，开拓新的农业就业渠道，转移农村剩余劳动力。从而在更大范围上实现对资源的优化配置，由于对资源的过度开发转向适度开发，不仅要满足当代人的需要，而且还要满足后代人的需要，这与可持续发展的目标不谋而合。

（三）农业产业化能够有效实现农村剩余劳动力转移

由于我国正在进行国民经济结构调整和实施经济可持续发展战略时期，注重经济发展质量与经济效益，强调人口、资源和社会协调发展。要实现这一目标，其措施是推行农业产业化经营，保持农村经济稳定增长，促进农村劳动力资源优化配置。改革开放以来，在新经济制度、新的生产方式条件下，农村农业迅速蓬勃发展。可是，由于政府对农业投入不足，农业基础脆弱，分散的小农户经营规模不经济，致使农村产业结构和剩余劳动力之间矛盾突出：一是不合理的农业结构造成了大量的农村劳动力剩余；二是剩余劳动力大量出现使得在农村生产过程中排斥农用机械使用，因而导致农业生产规模小，商品率和劳动边际产出率较低，使得农民没有足够的生产剩余进行资本和技术投入，严重影响了农村经济可持续发展。在此背景下，推行农村产业化经营体制是解决农村剩余劳动力的有效途径。

农业产业化能够在稳定农业基础地位并加快农业发展步伐的基础上，优化、提升农村经济结构，为广大农民创造更多劳动岗位，为农业剩余劳动力转移创造条件，使农业劳动力得到合理的配置。同时，农村劳动力转移也间接推动了农业产业化的发展，实现城乡和各产业之间的优势互补和协调发展，缩小城乡差距，消除城乡"二元经济"结构，加快城乡一体化进程。但是，农村剩余劳动力转移也会带来负面的影响，如加剧农村内部收入分配不平衡等问题。因此，如何合理、有序地转移农村剩余劳动力，这关系到农业现代化进程和国民经济健康发展的问题。

三、中国农业产业化运行分析

（一）中国农业产业化可持续发展现状

我国农村几十年的改革和发展取得巨大成就，但是具有全局性和长远战略意义的是找到了一条适合中国国情的农业现代化之路——农业产业化经营（牛若峰，2003）。

从整体上看我国农业产业化发展，既取得巨大成就，也面临总体发展很不平衡等问题。具体表现在以下几个方面：

1. 农业产业化发展势头强劲

据统计，截至2012年底，全国产业化经营组织已发展到30.87万个，带动农户数11 800万户，比2011年增长9.2%；农户年均增收2 803元；从2000—2012年，年均增幅达10%左右，农业产业化已经成为促进农业农村经济发展的重要力量。

2. 农业产业化形式呈现多样性

近年来，中国农业产业化经营采取了多种组织模式，各种形式竞相发展。其中龙头企业带动型位居首位。截至2012年龙头企业78.15万家，年销售收入过亿元的6 852家，固定资产总值达到1.42万亿元，实现销售收入3.83万亿元，净利润2 293.53亿元，上缴税金1 121.33亿元。农业产业化发展对于提升农产品竞争力、提高农民收入水平、改善农民物质文化生活条件有很大促进作用。但是龙头带动型、中介组织带动型和专业市场带动型等农业产业经营模式并没有全面普及。在我国东部沿海地区，农村经济较发达，市场机制比较健全，农户市场意识较强，农业产业化发展步伐走得很快，龙头企业有一定规模。中部地区发展水平不高，还处在起步阶段。

（二）中国农业产业化可持续发展面临的问题

1. 我国政府政策扶持力度不够，缺乏统一发展规划

农业是一个弱质产业，周期长，回报率低，农业产业化经营更需要各级政府的政策扶持和统一规划协调发展。从发达国家在农业方面的发展经验来看，政府在各自的农业产业化进程中担任了重要角色，发挥了应有的职能作用，通过政策、法规、资金、技术和教育等方面的扶持，为农业产业化发展创造了极其有利的条件。但是，目前我国一些地方政府在农业产业化发展过程中，尚未建立制度化和统一发展规划等情况下，采取"一刀切"、"拉

郎配"和行政命令的办法做出决策。违背了市场规律，违背了农民的意愿，导致政府出现了"越位"、"移位"和"虚位"等不当行为，出现一哄而上，盲目上项目，陷入低水平重复建设的困境。这些不可避免地阻碍了农业产业化发展的进程。

2. 我国农业产业化市场运营机制不健全

可以说，完善的市场经济体制是农业产业化发展最重要的社会经济基础。农业产业化经营是市场经济发展的必然，这就要求在农业产业化经营过程中必须按照市场经济的运行规律将系统内、外市场与非市场机制有效结合起来，建立一种农业产业化的市场运营机制，从而通过制度创新达到经济资源的优化配置。而我国目前在农业产业化过程中市场化体制不健全，主要表现：第一，城乡市场存在不同程度的分割以及农村行政区域和市场经济区域要求存在矛盾，从而割裂了农业产业化经营发展的市场纽带。第二，农业产化经营习惯用行政手段去推行。通常是建基地、抓主导产业来启动和推进产业化，这种工作方式在农业产业化经营过程中必将出现较大失误。第三，由于企业、市场等"龙头"或中介组织经常追求利润最大化，在利益分配过程中处于有利地位，因此在一些非合作的产业化经营组织中，农户利益很容易受到损害，这在很大程度上制约了农业产业化发展。总之，目前我国不健全的市场经济体制是制约农业产业化经营的一个最为重要的因素。

3. 农业产业化发展水平低，规模小、竞争力较弱

据统计，中国有 2.8 亿农户，而农业产业化经营覆盖面不到农户总数的 1/3，绝大多数是小规模、分散的种养，农户规模小而分散。由于农业产业化经营规模小，规模经济效益难以发挥出来，出售农产品初级产品较多，大多是简单加工。农产品加工产值在农业总产值中所占比重较低，我国农产品加工值和农业产值之比是 0.61 ：1，而发达国家农产品加工值和农业产值之比高达 3 ：1；我国农产品加工转化率为 40% ~ 50%，而发达国家农产品加工转化率达到 90%，其中二次深加工只占 20%。技术落后是导致农产品加工水平低、竞争力不强的重要原因。较低的农产品加工程度，影响了我国农产品的国际市场竞争力与出口创汇能力。

4. 农业生产方式落后，科技含量低

从其发展规律来看，农业产业化导致的农业经济集约化、专业化和服务的社会化，是以先进的物质技术装备为前提的。而目前，我国大多数地区仍然在沿袭多年的手工劳动和畜力耕作为主的生产方式，大量的先进农机机械和新技术在农业中得不到推广和应用。农民生产意愿不是按照市场需求来生产，而是按照自己消费的意愿做决定，常常出现跟风问题，导致产品过剩，无序竞争，产量滞销等问题。落后的农业生产方式和技术装备水平已经构成了农业产业化发展的制约因素，和发达国家农业产业化发展差距越拉越大，据统计，我国科技对农业贡献率为 50%，而发达国家为 70% 以上，我国科技成果转化率约30% ~ 40%，而发达国家为 60% 以上。我国农业科技总体水平与发达国家相比较，约有15—20 年的差距。这既不利于我国农业专业化，也不利于管理机制的培育和生产组织化、社会化程度的提高，从而制约农业产业化的发展。

（三）中国农业产业化可持续发展的现实选择

推进农业产业化经营对深化农村组织变革具有重要意义，它将关系到农民能否增加收入，关系到社会主义新农村建设，关系到农村经济可持续发展。针对我国农业产业化进程中所出现的问题和存在的制约因素，提出以下对策：

1.转变政府职能，规范经营发展

农业产业化是我国市场经济的必然产物，也是我国改革开放的伟大创举。为了引导农业产业化健康发展，使其在促进农村经济结构调整方面发挥更大的作用，我国各级政府应该转变政府职能，制定农业产业化发展战略规划，明确农业产业化发展政策，搞好指导、协调和服务工作，保证农业产业化经营组织规范、有序、健康、快速发展。首先，我国各级政府应该完善与农业产业化相关的法规和制度，因为市场经济是建立在法治基础之上的经济体制。也就是说，市场主体的经济行为和政府对经济的管理行为既要合法又要遵循市场规律。政府要做到"有法可依，执法必严，违法必究"，有法可依，规范发展是市场经济和农业现代化的本质的、内在的要求，同时也是农业产业化发展的法制保障。其次，我国各级政府应该结合本地实际情况制定发展战略，要突出调整农业产业结构、促进农民增产增收、保障农产品供给和稳定农产品价格、完善农业服务体系、降低农业生产和交易成本，从而推进农村经济可持续发展。再次，政府除了要在政策和技术等方面给予支持外，还要积极引导金融行业对农业产业化的资金支持。鼓励银行按照"效率优先、因地制宜、规模经营、循序渐进"的原则，在调查和掌握产业政策信息的基础上，支持农业产业化经营。

2.完善市场体系，培育农业主导产业

当前，我国经济建设正处于全面开放的阶段，农业产业化经营必将和国内外市场建立广泛的联系。因此，需要健全的市场体系作为媒介，以此促进农产品的商品化。在推进农业产业化发展过程中，建立统一开放、结构完整、功能互补的市场网路体系，形成一个以批发市场为主要框架、以各级综合农贸市场为支撑、以各地自建商贸城为网络、以农民产销组织为补充的四大市场流通体系。使农产品能有长期、稳定和广阔的销售渠道，以此带动农产品专业生产基地和农业产业化体系，"龙头企业"的发展，真正达到"促进产业化发展，增加农民收入"的目的。同时，还要积极开拓多元化的市场体系，把资金、劳动力、农业生产资料等市场和市场网络系统、流通服务体系等建设同小城镇建设有机结合起来，使其相对集中。既可以为农业产业化发展创造良好的外部环境和公平竞争的条件，还可以推动小城镇发展，更有利于把农业产业化经营推向一个更高水平。

农业主导产业是农业产业化的前提，也是区域自然资源和经济优势的集中体现，更是农村经济能否快速发展的关键所在。因此，在主导产业的培育上要做到以下四点：一是要发挥当地自然资源优势，因地制宜地积极培育以农业为主导的产业结构；二是政府部门应当通过利益的诱导，使农业开发企业和农户结成主导产业的培育主体；三是要围绕主导产业发展骨干项目和拳头产品，才能真正把握和明确产业化发展的方向；四是各地政府在选

择主导产业时，切忌照搬照套其他的模式。

搞好农业产业化"龙头企业"和专业生产基地建设。龙头企业对农业产业化的拉动作用在所有农业产业化经济组织中是最明显的。它是农业产业化的"火车头"，是联结国内外市场与农户的纽带。因此，各地应围绕其农业主导产业和国内外市场的需求，突出抓好"龙头企业"的建设。发展龙头企业要按照"大规模、高水平、新产品、外向型"的要求，优先支持一批已经实行产业化的龙头企业，有选择地改造一批乡镇企业，并引导其向农副产品加工领域进行转化；可以与科研单位合作创建一批面向国内外的农副产品深加工企业。

农产品生产基地是"龙头企业"的依托，是农业产业化的基础和关键环节。各地区在实施农业产业化战略过程中，应有计划、有步骤地加强农产品生产基地的建设。根据市场前景、产品质量、资源优势三大要素进行综合评估，筛选出一批优势产品，重点培育，加快发展，逐步形成区域主导产业，形成农业产业化组织的拳头产品。要立足当地的主导产业和主导产品，在专业村、专业乡等群体生产的基础上，加强规划和协调，从生产、加工、销售上加大开发和服务力度，努力开发出在内外市场上有冲击力的特色产品，在龙头企业的带动下，不断提高和完善标准，最终形成稳定的生产基地。

加快农业科技创新和技术应用。实现农业产业化的目标需要多方面共同推动，科学技术应用和资金投入是农业可持续增长的重要源泉。农业产业化是指通过科学技术的渗透，工业部门的介入，生产要素的投入，市场机制的引入，服务体系的建立，使传统农业转变为新型农业的过程。

当前，我国的农业产业化生产依然是沿袭传统的生产方式——小规模的分散生产，单个农户不可能成为农业科技研究开发的投资主体，也无法应用先进科学技术，致使我国农业经济效益和科技含量很低，形成了长期的、低水平的均衡状态。因此，应该把科技创新和技术应用作为加速农业产业化的首要推动力，切实改变落后的农业生产方式。

首先，要把科技进步放在重要位置。充分利用现有科技力量和科技成果，提高农业生产附加值和科技含量，鼓励不断引进新成果，广泛应用于农业产业化各个环节，各级农业技术推广机构、技术人员应该与龙头企业和农户合作，把高新技术引入产业化经营领域，增强我国产业化经营组织在国际上的竞争力。其次，建设符合农业产业化发展需要的农业科技创新体系：一是以国家级农业科研机构为主体组建国家农业科技创新中心；二是要充分调动社会力量参与农业科学技术推广活动，为农业产业化和农村经济全面发展提供有效服务和技术支撑。最后，加快农业科技队伍建设和培养人才是推进科技事业发展的关键，也是科研机构加快发展壮大的第一资源和第一要素：一是在现有农业科研院所和高等院校科技队伍的基础上，广泛吸引各方面科技人才，充实到科研队伍中；二是加大人才培养必须采取措施提高农民素质，切实改变农民的观念，通过高等教育和职业教育的方式，培养农业及相关技术开发和推广应用的农业专业人才。

第二节　农业机械化与农业经济可持续发展

我国现代农业经济可持续发展的首要任务是高效利用农业资源。提高农业机械化水平，是高效利用农业资源和促进农业经济可持续发展的重要途径之一。概述了农业机械化与农业经济可持续发展之间的关系，介绍了农业机械化发展趋势与发达国家农业机械化水平。为促进农业经济可持续发展，该文提出了4个方面的措施：加强政策支持；推动高专业化农业机械研究；建设农村专业合作组织；加快建设农业规模生产。

引言

中国是农业大国，但不是农业强国。农业经济可持续发展的具体要求是发展高效、健康的现代化农业。农业机械化是农业现代化的具体表现，提高农业机械化水平是促进农业经济可持续发展重要道路之一。

我国耕地长久面临着土壤污染、有机质流失、酸化、次生、盐渍化和耕作层变浅等问题。第2次全国土地调查结果显示，我国中低等耕地面积占耕地总面积的70.6%。耕地质量不高问题严重阻碍着我国农业经济的发展。我国化肥总用量位于世界前列，但当季利用率却只有30%～35%，比一些西方发达国家低将近20%。使用化肥是农业生产成本增加的重要原因，而且过多地使用化肥还会对生态环境造成不可估量的破坏。我国单位面积农药用量是美国的2.3倍，而利用率只有30%。有研究指出，若不对农药的使用加以控制，2030年我国农药用量将达到221万t。农药的过度使用不仅会对生态环境带来影响还会危害人类自身的安全健康。根据农业部对全国2 585个经常食用的农产品样品调查结果来看，瓜果类、根菜类和叶菜类硝酸盐超标率分别高达53%、32%和37%，其造成的经济损失可想而知。

农业经济可持续发展的首要要求是资源和环境的可持续发展。提高农业机械化水平，促进农业资源利用对农业经济可持续发展有重大意义。该文概述了农业机械化与农业经济可持续发展之间的关系，介绍了农业机械化发展方向与发达国家农业机械化水平，提出了促进农业机械化发展的思路与方法，为农业经济的可持续发展提供了一定的战略指导。

一、农业经济的可持续发展

内涵。农业经济发展(Agricultural Economic Development)的定义是：农业从事人员可以有持久且有增长的收入，与之相匹配的农业经济的发展，也是一种可持续的发展。从农业经济的定义上可以发现农业经济的首要要求就是可持续发展。可持续发展的农业，才是现代农业的发展方向。农业经济的可持续发展有以下特征：①保证经济的增长速度要比人口比例的增长快，农业经济的持续性要求保证从事农业人员的经济收入有持续的增长；②

发展的持续性要求发展中能够协调环境、资源和生产之间的关系，能够维持稳定的、持续的与人类生存相一致的协调发展；③农业经济的可持续发展也同样需要追求科技创新，现代化技术应用在农业中的应用提升了农业机械化水平，减轻了传统农业从事者的体力负担，促进了农机经济的快速增长。

可持续发展模式。20 世纪以来，随着城市化、工业化进程的加快，环境污染、人口老龄化和资源紧缺等问题陆续出现，农业经济发展的压力也持续增长。为了农业更好更快的发展，研究者提出了可持续发展的设想。可持续发展是将农业生产建立在环境学的基础上，在农业生产中融入环境学的理念，建立一种再生循环的生产经营模式。Douglas G 融合环境、粮食和社会因素对农业经济可持续发展进行了定义。联合国粮农组织提出农业经济的可持续发展不能以破坏环境和浪费资源为代价，是一种通过技术发展来实现农业和经济协调统一的发展模式。农业经济的可持续发展需要依赖技术的创新，技术的创新也会提高农业机械化水平。

二、农业机械化

概述。国际农业工程学会 (CIGR) 对农业机械化定义：利用工具和机器对农业用地进行开发，从事种植生产、储前准备、储藏和就地加工。农业机械化是一个结合劳动力、农艺与机械，完成农业生产作业，用物化劳动代替活劳动，实现工具革命的"过程系统"。农业机械化体现了农业的现代化发展，利用先进技术提高资源利用率和劳动生产率，推动农业经济的可持续发展。

发展趋势。随着社会的发展和科学技术的进步，农业机械从手动操作逐渐向半自动开始演变，最终走向全自动，表现得越来越智能化、精确化，提高了农业资源的利用率，促进了农业经济的可持续发展。

(1) 无人操控。田间作业机械，实现了无线遥控操作，有自走式收割机、割草机和农药喷雾机等。微灌自动控制技术，利用传感器和遥感技术实时监测作物生长情况和土壤墒情，实现自动化精确灌溉。温室自动控制系统，可测量温度、湿度、气压、雨量、光照、紫外线和太阳辐射量等环境因素，根据作物生长要求，自动控制卷膜、风机、开关窗、补光、施肥和灌溉等环境控制设备。

(2) 机器人技术。机器人技术在农业上的使用主要在采摘、分级和喷施农药等方面。1983 年美国研制成功了第 1 台西红柿采摘机器人。21 世纪以来，我国机器人技术在农业上的使用也逐渐起步，葡萄、黄瓜、西红柿和草莓采摘机器人也被研制出来。

(3) 精准农业技术。利用 GPS、RS 和 GIS 技术对田间信息进行实时采集处理，实现精准的田间作业管理。如产量信息管理、操作单元网格划分、耕作地块轮廓绘制、农业机械实时监控信息管理和精确农业智能决策系统。

(4) 农业机械化决策支持系统。农业机械化与现代信息技术、电子计算机技术相结合是农业机械化决策支持系统的最大亮点。齐虎春利用系统集成技术和数据库管理技术，使用地理信息软件 Map Info 7.0 和 Visual Basic 6.0 开发了基于 GIS 的农业机械化管理决策支持系统。冯启高结合综合评价模型和农业机械化系统分析，建立了基于多智能体技术和方法的农业机械化决策支持系统。Bykov EA 等构建了基于多智能体的智能决策支持系统。

机械化对农业经济的贡献。提高农业机械化水平，促进农业资源利用对农业经济可持续发展具有重大意义。Inukai I 分析了泰国农业机械化水平，通过投入产出法分析农业机械化对劳动力投入和产出的影响，结果表明随着农业机械化水平的提高可以延长种植季节，拓展就业空间。有研究者利用 Cobb—Douglas 函数，分析了 43 个国家和地区的资料，计算过去 30 年间农业劳动生产率的差别，结果表明化肥和农业机械投入基本决定了劳动生产率的高低。Baruah DC 等研究表明提高作物产量的重要因素之一是农业机械化水平。Nepal R 等研究了农业机械、灌溉、肥料及土地规模等因素在尼泊尔农业经济中的作用，其中农业机械化的作用最大。

三、国外农业机械化发展

日本。日本农业发展至今已有 60 余年。日本是个岛国，国内的农业自然资源极为匮乏，但目前日本农业经济水平已居世界前列。为了促进农业的可持续发展，日本加强了对农业发展科学研究以及农业机械化的投入，并且通过法律手段来保证农业机械化的推进。20世纪 60 年代初期，日本面临农村劳动力日益短缺的问题，开始重视农业机械化生产，日本农业科研院开始根据国内耕地分散、山多和地狭的特点，对高专业化的农业机械进行研制和推广。20 世纪 60 年代中期，初步实现农业生产机械化。全国机械耕地面积达 66%，机械收割面积达 80%，手扶式拖拉机普及率超过 90%。20 世纪 70 年代中期，收割机、插秧机和农用汽车开始普及，其中小苗带土插秧机的推广标志着农业生产实现全面机械化。近些年来，育苗、耕种、收割和脱粒等农用专业机械已经配备于普通农户。浇水、调温、调湿及喷药等自动机械化栽培育苗手段，高效的铺地膜机、大型喷药机械等机械化手段和设备的研发使用不仅节约了劳动力、提高了生产效率和农业资源利用率，而且提高了农产品产量和品质，推动现代农业的进步，促进了农业经济可持续发展。

美国。美国在播种、耕地、提高土壤肥力、防治病虫害、收割及加工等各个环节都实现了全面机械化。美国农业机械化始于一战期间，二战之后美国在畜牧业和种植业等方面迅速实现了机械化生产。农产品的耕种、收割、生产、储存、加工和运输的整个生产流程都实现了机械化操作。20 世纪 80 年代初，每个农民平均拥有农业机械设备价值高达 7 万美元，高于生产工人的人均设备拥有量。农业机械大型化、专业化是美国农业的特点。过去的农机动力水平为 133 kW，现在已经全面更新为 260 kW 和 360 kW，甚至达到了 500 kW；自走式喷药机由 75 kW 提高到 148 kW 和 222 kW。家庭农场的平均规模已达到 200 hm2，农场规模最大可以达到 1 600 hm2 左右。机械化技术和设备的大规模使用提高了农业资源利用、劳动生产率，提高了农业的经济效益，促进了农业经济的可持续发展。

法国。二战后，法国城市化、工业化速度加快，农民前往城市从事第二、三产业，导致农业劳动者减少,农业机械化成了必然。法国政府将农业机械化列为经济优先发展项目。20世纪50年代中期,法国开始进入农业机械化,农用拖拉机数量大幅度提升,机械播种机、机动割草机、手扶机动犁和捡拾压捆机等农用设备开始大规模推广,20世纪70年代,法国完全实现农业机械化。法国农业机械合作社,在推广机械设备、降低使用成本和提高农业机械使用效率方面起到了至关重要的作用。农业机械化浪潮不仅减轻了法国农民的劳动强度,提高了农业生产率,而且使农民有能力从事兼业和开展多种经营,支持了第二、三产业的发展。

农业经济的可持续发展是我国面临的重要挑战。提高农业机械化水平可以增加农民收入、提高农业生产力、改善农业生产条件及提高农业资源利用率,对实现农业经济可持续发展具有重要的意义。20世纪60年代前后,大多数发达国家都实现了农业机械化,改革开放以来,中国农业机械化水平取得了一定的成就,但仍存在不足。对比一些发达国家的农业机械化发展方式,为进一步发挥农业机械化在农业经济可持续发展中的作用,提出以下4点建议:

(1) 进一步加强政策支持力度。政策的支持是农业机械化快速发展的保证,我国是农业大国,农业经济的可持续发展,是我国总体经济持续稳定发展中不可或缺的部分。

(2) 进一步推动高专业化农业机械的研究。面对我国地理地貌多样的特点,加快研究高专业化的机械研究,因地制宜,推广高专业化的农业机械,进一步利用土地资源。

(3) 建设农村专业合作组织。我国农业生产经营规模比较小,生产经营单位是分散的,农业机械专业合作组织的建设可以提升农业机械设备的使用效率、推广农业机械设备及降低使用成本。

(4) 进一步加快建设农业规模生产。农业规模生产建设可以发挥机械化的优势,提升农业生产效率,提高农业生产水平,促进农业经济的可持续发展。

第三节 农业机械化技术推广的可持续性

随着科学技术的发展,我国农业机械化技术得到了广泛的应用。农业机械化产业作为我国企业经济发展的重要内容,其创新性发展能对我国经济发展产生积极的促进作用。为了使农业机械化发展水平与快速变化的时代需求相匹配,管理人员需要积极采取措施,发现其中存在的问题,有效提高农业机械化技术应用水平和质量。

一、目前我国农业机械化技术推广中存在的主要问题

推广机构不完善。目前我国在进行农业技术推广过程中,往往只通过省、市、区级别的推广机构进行宣传。这与我国实际的农业机械化技术发展的需要不匹配,不利于整体乡镇农业机械化推广服务体系的建立。随着经济技术的不断提高,虽然目前我国农业机械化

推广机构也在不断改革和完善。但是，整体的人员工作量较大，对管理和培训工作未形成足够的重视。并且相应的推广设施、机械环境等较为落后，不利于相应的农业机械化创新技术的发展和推广。

推广经费投入不足。经济成本的投入对农业机械化技术的可持续推广具有重要影响，目前我国农业机械化推广的经费投入不足，具体主要体现在以下两个方面：1）农业机械化相关推广费用不足。农业机械化在推广过程中包括农业机械新技术、农业机械设备、相应的机械设备实验、机械示范、机械验收等多个环节和内容，对相应的人力、物力和财力要求较高。如果对其未进行有效的经济投入，会使得技术和设备的创新受到相应的阻碍，无法达到可持续发展的目的。2）相关的农业机械化技术推广培训经济投入不足。培训工作对农业机械化技术的推广和创新具有直接影响。如果相关科研人员的专业知识和推广经验未进行及时的更新和调整，会对农业科技的创新造成一定的负面影响。同时，经济投入对相关农业机械化技术交流会、技术研讨会等专业会议的开展造成不利影响。

农业机械化技术示范基地建设薄弱。目前我国农业机械化技术示范基地的建设相对薄弱，一些县级的农业推广基地往往只建设在县区域内的农业产业园中。并且推广基地之间的联系较为单一，未形成完整的农业机械化技术推广示范园区。这种情况不利于农业机械化技术推广的可持续性发展。加大农业机械化技术示范基地的建设，能起到积极的示范作用，促进相应的农业生产经营组织发展。

二、农业机械化技术推广的可持续性发展建议

加大农业机械化技术基层推广机构的建设规模和力度。提高农业机械化基层推广机构的建设水平和建设规模，能有效促进农业机械化推广的可持续发展。1）在建设过程中，要以可持续发展为主要的建设目标，对基层推广机构的建设进行充分的认识和了解。结合不同地区的农业机械化发展实际，为相关农业推广组织活动提供保障。2）对农业机械化推广相关法律法规和管理制度进行调整和落实，全面提高宣传效果，加大对农业机械化新型技术的引进和学习，建立新型技术的示范和推广园区。3）与其他机械化技术进行有效的结合，比如粮食生产技术、农作物生产全过程技术等。4）在建设过程中积极响应生态友好型和资源节约型的环保理念，提高整体建设机构的服务水平和服务力度，对农民提出的农业机械化技术要求进行充分的满足。5）关于相应的建设机构人员聘用，需要加大对专业技术人员的引进和培养，积极开展教育和培训专题讲座，逐渐形成专业化、科学化、现代化的推广队伍。6）加大对建设机构的经济投入，营造良好的推广设施和推广条件。通过相应的政策性补贴，使得农业机械化技术可持续发展更加稳定和高效。

创新农业机械化技术推广组织的建立。为了促进农业机械化技术的可持续发展，需要加强对推广组织的管理效果，提高管理水平。在管理过程中，积极顺应市场的发展规律，发挥社会主义市场经济的特殊机制。对多元化的推广组织进行充分的鼓励，使得农民社会

团体、相关企业单位共同参与农业机械化技术的推广和宣传。同时，国家相关管理部门可以进行相应的政策支持，比如税收优惠、信贷优惠等，激发农民企业的推广宣传力度，使得农民主动参与到整体的可持续性推广过程中。鼓励不同的农业企业积极进行合作，形成相应的推广组织。除此之外，加大对农业机械化科研机构和教学单位的推广宣传，使其优势得到充分发挥。

加大资金投入力度。为了保障农业机械化技术工作的顺利开展，相关管理部门需要加大对农业机械化技术的经济投入力度，帮助其充分发挥自身优势和价值。有效的资金投入能推动农业机械化技术设备的升级换代，积极引进新型技术，促进专业化农业机械人才的培养。在进行资金投入时，可以与第三方机构进行合作。

提高农业机械化技术发展的重视程度。提高农业机械化技术发展重视程度，需要农业单位根据自身发展规划和发展工作建设标准，制定相应的管理和考核制度。建立专业的农业机械化技术发展管理机构，明确部门职责，对涉及的农业机械化技术发展数据进行切实可行的分析和应用，农业技术和设备进行升级改造，促进其可持续发展。

农业机械化技术可持续发展的影响因素较多，为了不断提高技术水平，相关农业企业和单位需要积极应用先进技术，加强专业农业机械人力资源管理，对农业机械化技术和设备进行充分把控，建立综合性管理体系，促进我国农业机械行业良性发展。

第四节　农业经济管理信息化的可持续发展

农业经济管理信息化是当今新时代发展农业经济的必然要求。本节将重点论述农业经济管理信息化发展现状以及存在的问题，并针对这些问题应采取的措施和可持续发展进行探讨。

随着我国人口的增长，"精准农业"将是现代化信息技术与作物栽培管理、现代生物技术、先进的农业工程装备技术汇集于农业，并获取农业高产、优质、高效的现代化农业的精耕细作，使得农业经济管理信息化可持续发展日益坚实。伴随着科技前行的步伐，我国农业发生了翻天覆地的变化。利用电视以及互联网、微信等现代信息传播媒介，当前，农业经济管理信息化工作仍存在许多问题，如农业信息化建设认知度不够、人员素质有待于提高和信息化设施建设不到位等实际问题，需要及时采取有效措施，持续有效的开展农村信息化建设，推动农业经济建设稳步可持续发展。

一、农业经济管理信息化发展现状简述

在农业部《"十三五"农业科技发展规划》中，对"农业信息化"的发展核心目标做了明确规定：在农业生产、经营、管理和服务信息化方面要求整体水平显著提升；在农业互联网、物联网和移动互联网融合技术、部件等方面创建农业信息化数据标准和技术标

准体系；农业信息资源开发、大数据挖掘、知识服务关键技术及品农业物联网国产处理器芯片与传感器核心部件市场占有率达到30%以上。为了实现以上目标，在生产信息化、经营信息化、管理信息化和服务信息化等方面采用互联网、大数据、空间信息、移动互联网等信息技术取得了可喜的成效。到2020年"农业物联网等信息技术应用比例"达到17%；"农产品网上零售额占农业总产值比重"达到8%；"信息进村入户村级信息服务站覆盖率"达到80%，并且"农村互联网普及率"大于51.6%。"十三五"时期，是信息化、新型工业化、农业现代化、城镇化同步发展的关键时期，信息化成为驱动现代化建设的先导力量，农村农业信息化的发展迎来了重大历史机遇。

二、农业经济管理信息化建设中存在的一些问题

对农业经济管理信息化工作认识不到位。由于当地农村的管理工作缺乏科学、系统的管理模式，管理制度比较单一，管理模式基本都是农户自家管理，农业产业化程度比较低，无法保证产品质量和需求，产品竞争上也没有优势。因此，在农业经济管理信息化建设中，首先要让农业领导人员对信息化建设提高认识，了解相关概念和实施步骤，发挥农业人员在信息化建设中的主动性和能动性。

对农业经济管理信息化资源开发有待于提高。由于当前管理者对农业经济管理信息化工作缺少足够的认识，使其管理的机构对工作人员专业水平、技术能力要求不高，这样将会直接影响到信息资源的开发和利用，只有信息资源在行业内部实现充分共享，开发与当地农业经济相适应的数据库、信息系统才能够使得农业信息资源满足当地经济发展要求。

缺少与农业经济管理信息化发展相配套的基础设施。信息化基础设施、设备的配备是农业经济管理工作不可缺少的硬件，只有充分加强基础设施、设备的投入，才能保证信息化建设的顺利进行。但是目前各地在信息化建设中对基础设施、设备的投入缺口特别严重，以往的机械设备陈旧，不能正常工作，农民获取信息的方法只能停留在口口相传的传统模式上，无法充分满足信息化建设要求。

三、应采取的措施

加强对农户信息化水平的培训。现阶段需要加大农户特别是青年农户的现代信息化技术及相关知识培训的力度，提高农户文化水平和整体素质，建议采取不同方式推进农村信息化建设。根据农户的教育背景、文化程度和接受能力循序渐进地进行定期、定点培训；将网络知识和养殖、栽培、销售和管理技术等内容利用电视、手机、电脑的网络等方式向农户开展定向培训。

结合实际状况进行规划管理。为了完善农业经济信息化管理工作，在现代农业发展过程中，结合当地农业实际情况建立系统的科学管理制度，是保障农户在规范化管理制度的约束下科学种植农作物，使得养殖业、种植业更加规范，生产出本地优质特色产品。并且

加大宣传本地品牌的力度，提高市场竞争力，增加农户收入，形成良好的农业管理环境，充分提高农业经济信息化管理制度。

切实抓好资金投入。为了做好农业经济信息化管理工作，离不开资金的投入，由于农业经济信息化管理工作资金投入比较大，后期信息化建设工作复杂，并且涉及方方面面的人员，因此当地政府应考虑到当地经济水平有的放矢地及时进行专项资金的投入，加大对投入资金的监督和管理，做到专款专用，不得挪作他用。

提高资源利用效率，提升信息服务水平。在当今社会，各级主管部门农业信息化建设机构的建立是信息化时代的需要，为了提升资源利用效率和信息服务水平，构建信息化资源的管理机制、资源整合和信息转化是当务之急。为了建立农业相关信息的共享体制，必须使得信息统一化和标准化，以便落实相关网站的资源共享机制，达到公用数据共享、信息共享的目的。加强对相关信息源进行分析，对信息资源及时进行更新，保障信息的时效性、真实性、合理性和完整性，保证农业信息资源可满足当地农户的要求。

建立强大的信息化服务体系。农业经济信息化管理离不开服务体系的建设，只有实现农村网络全覆盖，大力提高信息网络的应用水平，才能为农业科技、市场信息等方面建立专业平台，为了保证信息化专业平台的实效性及完整性，需要对相关信息定期进行收集、分类整理，为农户或提供优质服务，使农户能够及时便捷获得网络知识，有效地提高网络信息的使用率。要求当地政府出台相应政策，采取政府补贴、企业引领、项目融资、农户自筹等多种方式进行，切实推广计算机及网络的信息化应用，避免走形式，要让农户看到实际效果。

在"新时代"到来之际，要充分认识当前农业经济信息化建设的发展现状，要加强对农户信息化水平的培训，切实抓好资金投入，加大人、财、物的投入，提高资源利用效率，提升信息服务水平，建立强大的信息化服务体系。各级主管部门和基层农业组织应重视信息化建设工作，开展切实可行的管理措施，全面提高农业经济管理的信息化水平。

第五节　农业资源的现代化管理与可持续利用

分析农业资源概述，提出农业资源现代化管理与可持续利用特征，主要是利用现代化的科技来进行农业改造，运用现代化的市场管理手段等。同时，从节约稀缺资源利用、大力发展绿色生态农业以及走科技致富的农业之路三个方面提出农业资源的现代化管理与可持续利用的策略。

资源属于基础物质，是人类社会产品与财富的基础，其基本特征是广泛存在性。在进行资源研究时，要将人类对资源利用作为基本的出发点，坚持可持续利用的原则，这样才能保障人类社会的发展。农业资源是众多资源的一种，运用现代化的管理模式能够提高农业资源的利用率，从而为农业发展服务。

一、农业资源概述

农业资源的概念。农业资源包含农业自然资源与社会资源，是指人类在从事农业经济活动中可以利用的一切资源。在农业生产中，可以利用的水资源、气候资源等要素都可以归到农业资源的范畴，此外还包括农业技术装备、交通运输等基础设施等。这些农业资源为社会经济的发展起到了基础性与支撑性的作用，具有不可替代性。从某种程度上来说，资源是否丰富、质量是否过关、开发是否到位等都决定了农业资源是否能够发挥应有的作用，是衡量农业可持续发展的一项重要指标。

农业资源的特点。1）农业资源的地域性。每个地区的气候条件不同，地表状况的复杂程度也不尽相同，导致不同地域的农业资源呈现出很强的地域性特点，不同地区的农业资源不同。2）农业资源属于一个大的多功能系统，结构多、层次多，影响因素也多，各个组成系统要素之间相互制约、相互依存。比如，土地资源、气候资源以及水资源等系统是农业自然资源的组成部分，作为子资源的土地资源的构成要素又可以分为土壤、地貌以及岩石等，随着水土流失或者生物群落出现变化等都可能导致生态系统出现相应的变化，从而可以看出各个要素之间的依存关系。3）持续性特点。在农业自然资源中，很多资源都可以循环使用，运用合理、恰当就能够让其循环利用，运用不科学、不恰当就会破坏资源，导致生产能力的下降。4）动态性特点。动态性就是随着经济的发展以及科学技术的进步，使农业资源出现的范围性的变化，其中包含的有自然资源以及经济资源在时空中的变化。农业资源不是一成不变的，属于不断发展变化的存在，动态性特点明显。

二、农业资源现代化管理与可持续利用特征

1）要利用现代化的科技来进行农业改造。在农业生产时，要合理利用现代化的信息技术，逐步发挥现代化技术在农业生产中的作用，从原来靠天吃饭、靠劳动力吃饭的模式转变为依靠现代科技进行农业生产。2）运用现代化的市场管理手段。随着市场经济的快速发展，结合市场化发展的原则，建立相应的协调发展机制。通过引导农民参加招聘会，举办农民产业技术培训等，为农民拓展就业渠道，提高农民的就业率。通过政府部门的招商引资，深入挖掘农村地区的市场优势，运用独特的市场运营手段，在本地建立生产、加工以及销售等贸易体系，在企业发展中吸纳当地劳动力，帮助他们就业，提高他们的经济收入水平，还能刺激农村居民的消费，推动经济的良性发展。引入市场经济为农业发展带来了新的发展思路，让他们不再局限于传统的思维模式。结合国家和当地的扶贫政策发展个人事业，为农村家庭就业提供机会。结合当地的创业优惠政策，扩展农村企业的影响力，发挥农民的创造力，引导技术人员与致富能手带头创业，积极利用当地资源促进农民增产增收，实现农业资源的可持续利用。

三、农业资源的现代化管理与可持续利用的策略

节约稀缺资源利用。就当前形势来看，虽然我国资源总量丰富，但部分资源短缺现象已经初露端倪，农业资源也不例外。在发展农业道路上，要解决"三农"问题，就要积极运用现代化的科技手段来开发新型资源，以此替代稀缺性资源。建立完善的农业资源产权制度，实施有偿有价使用，实现农业资源的可持续利用的目的。

大力发展绿色生态农业。为了提高农业资源的利用率，要积极推广绿色农业生态种植技术，首先就要加大绿色农业的宣传力度。从生产经营者的角度来说，跟国外农业的规模化经营相比，中国农业的经营特点是分散、规模小，生产与销售之间的联系不紧密，甚至出现产销脱节，难以保障蔬菜等农产品的质量，追究违法责任主体的难度较大。还有一些农民受文化素质限制，很难运用标准化的绿色农业生产技术，在操作时没有按照标准规程进行，导致农产品质量安全问题频出。因此，政府部门要加大绿色种植技术的宣传力度，提高农业生产者的绿色农业意识，让他们明白绿色农产品对于人类身体健康的重要性，强化农业生产者的社会责任感与诚信意识。

走科技致富的农业之路。要提高农业资源的现代化管理成效，就要让农民走"科技致富"的道路，积极发挥信息技术的力量，建立现代农业远程教育机制以及生态农业种植示范基地，用现代传媒来推动农业资源开发与科技服务现代化工作。要使科技入农户工作的速度不断加快，可以发展现代化的农业科技园区以及示范基地等服务模式。通过示范基地建立，让生产者感受运用现代化的农业种植技术带来的经济效益，增强其科学致富的信心和决心，明确现代化种植技术的理论与实际操作，起到很好的榜样和示范作用。

作为一个农业经济占据主导地位的国家，我国的农业产业的实力跟农村经济发展水平有待进一步发展，虽然我国自然资源总量丰富，但人均资源不足也是不争的事实。表现在农业资源方面，虽然农用土地占土地总面积的 60% 以上，但人口的逐年增多让我国农业资源利用面临的压力很大。农业资源的现代化管理主要是提高科学技术对农业增产增收的贡献率，转变农业增产方式，提高农业生产经营者的综合素质，从而为农业资源现代化管理与可持续发展打下坚实的基础。

第六节　农业机械化培训推动现代农业可持续发展

在现代农业的发展中，精耕细作、精确播种、利用自然环境条件生产是影响其可持续发展的关键因素。传统的施肥、精量播种等技术已不能适应现代农业可持续发展的需要。农业机械化是促进农业资源可持续发展的有效途径。在此基础上，从农业机械化水平的角度出发，探讨了农业可持续发展的有关问题。

随着城市化进程的不断推进，大量耕地被占用，使人们更加依赖高层次的农业建设。为了提高农产品的产量和质量，需要资金和技术密集型的自动化、机械化，农业土地单位显著优化资源利用率、商品率、劳动生产率、土地生产率、实现中国农业资源的可持续发展。那么，如何利用农业机械化促进我国农业的可持续发展，是农机部门迫切需要解决的问题。农业机械技术推广和推广实用技术是指在农业机械化技术指导服务，是农业机械，生产的机械化和科技成果的实用技术，通过示范、宣传、培训、指导和教学结合社会服务的技术，帮助农民了解和掌握技术，从点的活动和农业生产实践过程到面。农业机械化是先进农业技术大面积实施的载体，农业机械化适用技术推广面积的扩大，实质上就是普及农业和农业机械化科学技术、推动科技兴农的过程。农业机械化是现代农业的重要物质基础，是农业现代化的重要内容和标志，农民和农业生产经营组织是发展农业机械化主体，加快农业机械化的发展，既是改善农民生活条件，提高农业生产劳动率的重要措施，也是缩小城乡差别、提高农业和农村经济整体水平的重要条件，对于巩固和发展我国农业基础地位，坚持以人为本，促进农业和农村经济的全面、协调、可持续发展具有重要意义。

一、加强农业机械化新技术新科技培训的意见

争取政策扶持，资金投入。认真宣传贯彻落实《中华人民共和国农业机械化促进法》，为建立基层培训工作的发展创造良好的环境和条件，把培训工作和资金有效地纳入政府年度预算中。同时，要积极争取资金：①积极推进政府奖励和补贴，帮助农民获得实际收益；②加大与地方政府的沟通，获得更多的培训资源。

强化硬件建设，创建培训示范基地。积极推进农机培训基地和农机科技示范园区建设，为农民和农业生产组织展示最实用的范例。通过加强硬件设施，使农民和农业生产者在学习新技术的过程中更加坚信，并能感受到农机新技术带来的好处。在示范区，我们应该向当代农民展示最需要的技术，以最实际的方式增加农民对新技术的渴望。培训示范基地要坚持以促进现代农业发展为基础的基本原则。

加强业务培训，提高农机技术人员素质。在农机技术培训过程中，首先要提高农机培训机构教师的农业机械技术知识，加快他们的知识更新，因地制宜，着重于当地最适用的农业机械技术知识。同时，也要加强思想教育，明确其工作的重要性，为每个农业机械技术教师从业人员制定相应的培训制度，帮助他们在工作中形成专有的工作专长。为了提高农业机械技术人员的素质，有必要根据实际情况开展培训课程，帮助他们在工作后接触更多的农业机械知识。

更新培训观念。市场经济是竞争经济、法治经济，因为有竞争，才能适者生存，这就需要我们培训工作者必须认清形势，解放思想，更新观念，与时俱进，探索社会主义市场经济的建立培训新理念。以满足实际需求为导向，实现培训观念的转变，进一步使新技术应用培训趋于有效和制度化。

二、农业机械化技能培训要求

加强重视程度。各级政府、财政部门和农机主管部门要高度重视农机技能培训工作，在政策和资金上给予一定的支持，为培训部门和参加培训的农民和农业生产经营者提供更多的有利条件，加快农机技能培训的发展。

建立形式多样的培训体系。充分利用现有的农机技能培训设施和场所，多层次、大范围地开展技能培训工作。主要培训形式有：利用县（市、区）农机学校定期举办农机技能培训班，对当地农机户进行培训；利用中专（技校）的专业基础，扩大农村招生工作，对有一定知识基础的农民青年，进行较高水平的技能培训；利用国家政策提高农民培训机会，对农民进行简单技术培训，如利用"阳光工程"培训计划，有目的地开展某一技术领域的技术培训；利用科技下乡、作业现场会等形式进行技术指导培训；农机部门与农机合作组织、农机作业企业联合开展农机手技术培训等，形成一个农民有哪方面的需求，就有哪方面培训机会的多角度培训体系。

提高技能培训质量。为农机技能培训的技术人员和讲师营造一个提高自己业务素质的平台，农机技能和农机新技术随着技术的革新和发展，技能指导者也需要不断地更新业务知识，达到能服务新形势农机技能培训的要求。为农机技能培训行业提高硬件、软件设施基础，创造必要的培训条件。

扩大培训范围。在内容上不能局限于简单的机械设备应用和技术应用，有条件的地区要加强对机械原理的培训工作，使受培训者不但会使用农机，还要懂原理、会维护；在领域上不能局限于简单的传统农业机械，要对高新农机技术、产品加工技术及生态农业机械技术等多领域开展技术培训；在培训的对象方面不能局限于农机使用者，要扩大到广大农民和涉农企业的工人等。

三、科技成果转化与农业机械化技术推广的作用

①农业机械化技术推广是农业机械化科技成果的完善和发展过程。如果一代农业机械化技术是知识与实践的科学研究人员的结晶，农业机械化技术推广实验过程本质上是一个农业机械化科技成果的认识过程。在此期间，我们经常会发现一些新的问题，并反馈这些问题给科研部门加以改进，使农业机械化的新成果更加完善，满足实际生产的需要。②农业机械化技术推广是农业机械化科技成果转化的桥梁和纽带。这标志着科学研究和科技成果的发展成就，但如果不是用于生产，它只能是实验室的东西或书面知识，对农业生产和农业经济建设的现实没有效果，通过推广使用是农机科技成果转化为生产力的结果。所以你需要有人到农村去，到生产第一线，到田间地头去，向广大的农民群众宣传先进适用的农业机械化技术知识，技术指导、咨询服务及农机技术推广有目的的组织，引导和帮助农民使用农业机械化的先进成果，不断提高农业生产机械化的技术水平。特别是在中国这样

一个农业大国，农村经济发展相对落后，农民的科学文化水平还比较低，加上缺乏信息，缺少对农业科技成果转化的客观条件，所以更需要有一个专业部门将科技成果传授给农民，推动农业机械的传播，向农民普及农业机械化科学技术知识，促进农业的发展。农业机械化技术的普及，为农业机械化、科技成果与农业生产之间架起了一座无形的桥梁，成为农机科研部门与农民之间的纽带。

四、加强可持续发展的扶持力度

农业机械的购置补贴政策在各地区的实际情况的基础上，实现高质量的基层政策支持，继续加大对农业发展的支持力度，建立农业综合开发激励计划，积极建立稳定有效的农业支持体系。在实践中，我们应该不断改进运营计划，我们应该做到以下几点：①建立优惠信贷政策，为农民购买大中型农机提供贷款政策支持，帮助他们解决购买资金。②结合要点，突出重点，尽可能提高农机补贴利用率。③加强专项资金管理。a.严格监督和跟踪农机补贴工作，如建立档案和规范程序，防止发生诸如套补偿、虚假补贴、骗取补贴等违法事件的发生。b.在农机管理、技术、信息、培训等方面，尽可能为农民提供优质、及时的服务，最大限度地优化农机补贴的经济效益和利用率。基层政策支持农业站等相关服务，逐渐形成了一种新的农业发展的模式，这意味着加快中国农业现代化的发展加速提高农业生产机械化水平，并逐步实现中国现代农业的可持续发展。在实现农业的可持续发展过程中，要想加速建设农业机械化进程，应做好以下几个方面：一是应改变以往的以农业机械数量的多少来判断农业生产机械化率水平高低的发展的理念，农机管理部门应借助科学的舆论，有效的引导广大农户及农业生产经营者主动购买大型先进农业机械及配套农机具。不鼓励单个种植单位在农业机械种类上小而全，而应提倡大而精。

总而言之，提高农业机械化水平是实现中国现代农业可持续发展的行之有效的途径。因此，我们应积极建立农业机械化发展的理念，充分利用各种积极因素，促进了中国农业机械化水平的不断提高，最终促进了中国现代农业的可持续发展。

第七节　发展机械化保护性耕作促进农业可持续发展

保护性耕作是一种重要的耕作模式，对保障我国粮食安全，促进农业可持续发展具有重要意义。对机械化保护性耕作、生态环境及农业的影响进行了分析，提出了机械化保护性耕作今后的发展对策。

吉林省是我国的重要粮食生产基地，省区内包括了松辽平原大部分地区，是世界闻名的黑土地带。2014年吉林省的粮食产量就已经达到700亿公斤，在全国范围内名列前茅。但是在高产量的背后却出现较为明显的土壤退化问题、水土流失问题、生态环境破坏问题、空气污染问题。有调查表明，东北平原耕地黑土层已由开垦初期的 80 ～ 100 cm 下降到 20 ～ 30 cm，每年流失的黑土层厚度为 1 cm 左右，而形成这一厚度的黑土大约需要三四百年时间，流失速度数百倍于成土速度。如果再不加以有效防治，大部分黑土层将会消失。为此，国家提出了在旱作农业区大力开展机械化保护性耕作。保护性耕作技术被农业部列入重点推广的 50 项农业技术之一。近年来，各级农机部门投入了大量人力和物力开展保护性耕作，促进农业可持续发展，实现经济效益、生态效益双赢。

一、机械化保护性耕作的技术内容

保护性耕作技术，作为一种新型的农业机械化新技术，近几年在我国不少地区已得到一定的示范推广。保护性耕作是在土壤不翻耕，而且地表要有秸秆覆盖的情况下，进行免耕播种。近几年在我国不少地区已得到一定的示范推广。保护性耕作技术是促进农业可持续发展的一项主要技术之一。该技术不但能有效地蓄水保墒，减少土壤风蚀、水蚀，提高土壤有机质含量、培肥地力、减少秸秆焚烧，保护改善环境，实现土壤资源的可持续利用，还有助于降低农业生产成本，实现增产增收，加快农业生产方式的转变，构建形成现代农业土地规模化经营、专业化生产的新模式。

二、机械化保护性耕作对生态环境及农业的影响

（一）减少水土流失，增加土壤蓄水保墒能力

减少雨水径流。传统耕作地表裸露，形成一个很薄的封水层，减慢了降水渗入土壤的速度，造成了大部分降水流失的现象。而保护性耕作地表由作物残茬覆盖，雨水会由作物残茬缓慢渗入土壤，减少水土流失，土壤中有机质氮、磷、钾流失量减少。

减少水分蒸发损失。我国北方大部分地区都是典型的旱作农业区，水成为制约农业生产的重要因素。保护性耕作不仅有蓄水保墒作用，还有减少水分蒸发的作用。据美国内布拉斯加不同耕作法土壤蒸发测定，常规翻耕蒸发 282 mm，蒸发损失 88%，保护性耕作蒸发 182 mm，蒸发损失 57%。

（二）增加土壤有机质含量，减少环境污染

减少风沙侵蚀，提高土壤肥力。保护性耕作中实施秸秆还田技术，在秋、冬、春三季实施秸秆覆盖地表，有效降低土壤风沙侵蚀，并增加土壤有机质氮磷钾和微量元素的含量，改善土壤结构，提高土壤肥力，是保护黑土地的最有效措施。

解决秸秆焚烧问题。农民在精耕细作传统思想的影响下，为了省事，常将秸秆一把火烧掉，这样既浪费了资源，又污染了环境。秸秆焚烧产生大量一氧化碳、氮氧化合物等有害气体，危害人畜健康；二氧化碳增加了大气的温室效应；大量的烟雾，严重影响交通及航空运输安全，甚至会引起火灾，给人民财产造成不可估量的损失。保护性耕作需用秸秆

覆盖地表,是解决秸秆焚烧和浪费最有效、最快捷的途径。

减少化肥的使用。在世界农业发展史上,化肥的使用时间虽不太长,但对发展现代农业,提高农作物产量等却起了很大作用。随着化肥产量的不断增加及盲目使用,造成了生态环境污染。化肥的大量使用,会消耗掉土壤中大量的有机质和腐殖质,时间长了,会造成有机质的缺乏,并且土壤团粒结构遭到破坏。化肥中的有毒物抑制或毒害土壤有益微生物及蚯蚓等土壤生物,加速土壤中一些矿质元素的损失,使土壤步入了板结的恶性循环。过量施肥,化肥一部分随土壤重力水下渗溶到地下水体中,一部分随农田地表径流带入江、河、湖、海中,造成地下水、地表水普遍污染。有关资源表明,饮用水中有害成分硝酸盐的主要来源之一是农田大量施用的氮肥。化肥的大量使用,直接或间接地威胁着人们的生存空间及身体健康。

减少塑料地膜的使用。近年来,大面积推广的地膜覆盖技术在保水、增温保墒、提高产量方面起到了积极的作用。但随之而来的是因地膜本身的缺点和回收技术的限制,使土壤受到了二次污染。在土壤中,地膜的自然降解需 200 年以上,多年使用此技术后,土壤中将留有数量可观的残膜,不但会严重影响耕作及作物根系生长,而且在大风之时,随风而飘,影响环境卫生。保护性耕作虽不能提高地温,但可起到地膜覆盖保水、保墒的作用,能部分替代地膜覆盖,从而减少白色污染。

(三)增产效果明显

汪清县连续两年承担了保护性耕作对比试验监测任务。对玉米生产所有节点相关数据进行了认真观测记录和数据采集。通过两年来的试验区对比,保护性耕作地块经济效益明显比常规种植高,主要表现在抗旱性强,保苗性好,有效果穗多,玉米籽粒饱满,玉米单位总产量平均提高 10%;作业环节减少,直接减少了生产支出。保护性耕作地块生态效益比常规种植的耕地有机质、水肥流失等主要指标提升不明显,需要长期监测。总体上充分表明玉米保护性耕作技术是一项可持续生产、节本增效的农业生产技术。两年的监测数据为全面推广玉米保护性耕作提供了切实有力的依据。

三、保护性耕作关键机具现状

免耕播种机。在留根茬和秸秆覆盖的农田进行免耕播种,是实现保护性耕作核心技术的关键手段。约翰迪尔 1590 型免耕播种机,采用 90 系列开沟器,能高效切透残茬,通过电子播量控制装置能实现精准播种,能根据土质的软硬调整作业压力。

国内的免耕播种机研究起步相对较晚,典型产品有中机美诺公司生产的 6115/6119/6124 型系列免耕播种机、现代农装科技股份有限公司生产的 2BMG 系列免耕施肥播种机及中国一拖集团生产的 2BMF-7/14 型多功能免耕施肥播种机。目前,国内的免耕播种机大多都安装有播种监控装置,自动化程度相对较高,而国内的免耕播种机虽品种较多,但其质量和品质还有待改进和完善。

深松机。深松机作业深度是 30 ～ 45cm，可打破多年形成的犁底层，只松动土壤不扰乱土层。深松机有凿式铲深松机、翼式铲深松机、震动深松机及全方位深松机。美国和西欧等国的深松机具研究设计起步较早，当前机具在技术层面上逐渐成熟和完善，且实现了序列化。

秸秆根茬处理机具。国内研制的秸秆根茬处理机具正向复合多功能作业机具的方向发展，主要涉及深旋耕及播种和施肥等。代表的机具有南昌旋耕机厂研制的 1GQQN-180 型双轴灭茬旋耕起垄复式作业机、徐州市农机技术推广站生产的 1JHG-180 型双轴秸秆粉碎还田旋耕机、连云港元天农机研究所研制的 SGTN-180 型双轴灭茬旋耕起垄复式作业机等。

四、机械化保护性耕作今后发展对策

加大机械化保护性耕作补贴力度。把开展保护性耕作与增加农民收入有机结合起来，调动农民的积极性，推动农业绿色生态发展，打赢农业面源污染攻坚战，以利于保护性耕作的健康发展。2017 年长春市对采取玉米秸秆全量还田保护性耕作技术进行作业补贴，主要补贴搂草归行和免耕播种两个环节，补贴标准为每亩 25 元。补贴对象为秸秆全量还田保护性耕作实施面积达到 300 亩（含 300 亩）以上的农机作业者。

农民是实施保护性耕作技术的主体，要让农民认识这项技术，改变传统的种植观念，需进一步加大宣传力度。利用电视、广播、报纸等新闻媒体、各种现场会、展示会、宣传资料等进行广泛宣传，使广大农民逐步从认识、接收到自觉应用该项技术。目前吉林省的保护性耕作技术较为成熟，而且在吉林省各地都设立了示范区，可以利用作业时段组织农民参观示范区作业，也可在农闲时组织农民进行培训，农民可以利用这些方式来获得更多的保护性耕作技术知识。

保护性耕作技术要大面积推广，就要加强土地流转，加大土地规模性经营。统一种植结构，统一田间机械作业、统一农业生产资料供应，统一田间管理，为保护性耕作技术的推广创造条件。

生产厂家、科研单位要深入一线进行调查研究，进一步提高作业机械的使用性能。在机械化作业季节，各级农机部门要深入乡村一线进行技术服务，为农民安装、调试、维修机具，进行技术咨询及技术培训，解决农民的后顾之忧。

机械化保护性耕作减少了土肥流失，增加了土壤蓄水保墒能力及有机质含量，提高了作物对水分、养分的利用率，为农作物生长创造良好的生态环境，从而促进了粮食的增产增收，实现了良性循环，达到了农业可持续发展的目的。推广保护性耕作新技术，保护农业生态环境，增加农民收入，促进农业循环可持续发展，功在当代，利在千秋。

第二章 蔬菜栽培技术的理论研究

第一节 蔬菜栽培技术要点

随着我国经济的不断发展，人们的物质生活水平不断提高，目前，我国大棚蔬菜栽培面积也在不断增加。绿色蔬菜深受人们的喜爱，蔬菜已经成了日常餐桌上必不可少的食物，人们对蔬菜的质量要求也越来越高。基于此，结合实际情况，针对如何通过改善蔬菜栽培要点来提高蔬菜质量的问题进行分析。

随着我国经济实力的不断增长，蔬菜栽培技术水平也在不断提升，将现代科学技术与蔬菜栽培技术相结合，进一步促进现代农产业的发展，以提高蔬菜的质量和产量为目标，尽可能满足消费者的需求。

一、我国现代农业的现状

当前，我国现代化农业技术发展水平不断提高，农业已经成为我国国民经济的支柱性产业。农业生产技术水平不断提升，在农业生产过程中不断积聚多种资源，促使农业生产发生质的变化。随着科技的不断发展，我国温室大棚技术逐渐完善，现代化农业不断显示出它独特的优势。目前，蔬菜培植技术日益规模化，在日益完善的现代化体系中，农村大量闲置土地通过承包的方式被整合起来，农产品逐渐向规模化发展。为了降低生产成本，农户可以使用集合经营的方式，促使蔬菜能够满足供应需求。在我国现代化农业蔬菜培植过程中，农户可以建立品牌效应，促进农产品的销售，这在一定程度上推动了我国现代化农业蔬菜培植的发展。

二、影响农业蔬菜栽培的主要因素

（一）地域因素的影响

地域不同，气候环境就会存在差异，蔬菜的生长状态就会受到影响。由于我国的国土面积较大，因此这种差异性导致不同的地域只能生长出相应的蔬菜种类，从而满足不同植物的生长需要。因此农业生产人员在进行蔬菜栽培时，需要重视不同地域的生长环境，做到因地制宜。

（二）生长周期因素的影响

蔬菜的生长周期在很大程度上会受到季节性因素、地域因素以及人为控制的影响。目前，人们为了追求经济效益，改善产量，形成了蔬菜的固定生长周期，相邻两种生长周期的蔬菜在很大程度上会形成相互制约的关系。因此农业生产人员需要充分重视这种生产规律，通过合理规划全面的生产情况，充分利用土地的同时，还应该利用相应的技术改善作物产量。

（三）土地因素的影响

尽管无土栽培技术已经问世，但这种技术对环境设备有较高的要求，因此在短期内无法做到大面积推广。在这种情况下，我国的蔬菜栽培大多采用的是土壤栽培。土壤作为蔬菜的重要载体，其土地的相关因素对于蔬菜的生长具有重要影响。因此要提高对土地开发的重视程度，从而改善蔬菜的生长情况。

（四）栽培系统的影响

蔬菜生长还会受到其他因素的影响，比如作物自身的品质、环境因素以及人为因素等等。因此需要统筹考虑多种因素，通过研究不同因素之间的联系，为农业发展提供助力。

三、现代农业蔬菜培植技术

（一）做好育苗工作

育苗工作一般会选择在室内的中央地区，首先要将土壤充分消毒，然后整理苗床。将消毒过的土壤和适量的锯末混合，再铺设好电热线，在土壤上放置若干营养钵。在播种前做好灌溉工作，让土壤保持适当的湿度，再将种子播种到每一个营养钵中，完成后覆盖上地膜。

（二）选取优质幼苗

在蔬菜种植过程中，有的蔬菜的幼苗可以直接播种，有的需要进行育苗栽植。在挑选幼苗时，应以高产量、高效率为目的，尽可能选取菜根和菜茎都较为粗短，菜叶较大，菜叶颜色较绿，没有被病虫侵袭过，完好无损的健康幼苗。挑选健康的蔬菜幼苗有助于提高蔬菜的成活率，提高蔬菜种植的产量。

（三）加强幼苗的管理

蔬菜苗期生长过程中，温度是最重要的影响因素。一般情况下，白天温度尽可能控制在 30℃，夜间温度尽量控制在 20℃，这有利于蔬菜苗期的生长。随着蔬菜苗的生长，温度也要适当地变化，当有 1/2 的幼苗出苗后就可以去掉地膜，当幼苗全部出土以后，白天的温度可以控制在 25℃，夜间温度一般控制在 15℃。根据蔬菜的生长时期调整温度，可以让蔬菜幼苗在适当的温度下生长，有利于保证蔬菜的质量。

（四）完善病虫害防治

物理防治、化学防治是蔬菜病虫害防治中两种主要的防治方法。物理防治，是通过人工调节的方式将大棚中的温度和湿度控制在合适的范围内，从而减少病虫害的发生。化学防治是使用毒性较低以及残留较低的化学农药喷洒在蔬菜幼苗上，降低病虫侵害幼苗的可能性。通常情况下，将物理防治和化学防治方式相结合，有利于提高防治工作的质量和效率。

四、现代农业蔬菜的栽培要点

（一）大棚棚膜的选取

随着我国大棚技术的日益完善，大多数农作物都可以在大棚中进行种植和培育。在大棚建设过程中，如何选择正确的棚膜是至关重要的一点。选择棚膜材质时，首先要考虑有利于蔬菜的生长，因此棚膜应选择透光性较强、无毒以及保温增产效果较好的棚膜。目前，无滴膜在我国被广泛使用，因为这种棚膜具有防老化高保温的特点。利用合适的棚膜，可以人工为蔬菜提供一个良好的生长环境，提高蔬菜的质量。

（二）科学挑选蔬菜种类

科学挑选蔬菜的品种十分重要，蔬菜品种挑选过程中应该将不同种类的种植面积以及外部环境等因素相结合。比如，西红柿、黄瓜的育苗时间应该在2—3月；在冬季选择能耐低温的蔬菜种类，有利于蔬菜栽培的存活率。此外，在种植面积上还需进行科学合理的安排，避免在同一个区域连续种植同一种蔬菜，否则不仅会增加病虫害的发生率，而且不利于蔬菜的生长。

（三）合理调节光照强度

任何植物都需要进行光合作用，光照对于蔬菜的正常生长是一个非常重要的影响因素，光照强度能够对蔬菜的最终产量和质量都会产生直接性的影响。在蔬菜的实际栽植过程中，大棚栽种普遍采用多层覆盖技术，由于春季和冬季会受到环境的影响，光照比较柔和能够进入大棚内的光照只有50%左右，如果下雨就会更少。充足的阳光是保证蔬菜正常健康生长的关键，因此，在这种情况下就需要人工进行补光，通常为了保持大棚中的温度会使用交错覆盖的模式，同时会在棚膜表面添加一些其他的物质，以保证水分子能够更好地从棚膜留下，渗入土壤。

此外，还需对棚内进行定期清理，保证清洁度，增强膜面的透光度，尤其是在冬天，农户要及时清理覆盖在大棚上的积雪，以免积雪挡住了光照，从而影响蔬菜的正常生长。在大棚中，反光幕设置也十分重要，它是大棚种植过程中经常用到的工具，将反光幕设置在可以将阳光反射到蔬菜的位置上为最佳，一般都会放置在大棚后方的柱子上，可以给大棚内部的蔬菜增加35%左右的光照，促进蔬菜的生长。

（四）完善通风系统

蔬菜在生长过程中，需要采取适当的通风措施。蔬菜的正常生长对环境的要求很高，如果外部温度过低，光照不够，可以人工补光，但是夏季光照过强，那么就需要通过给大棚通风来降温以保证大棚的正常温度。适当的通风不仅能够降低大棚中的温度，还能保持大棚内部空气流畅，同时还可以排出有害气体。值得注意的是，在通风过程中要不断变换通风口的方位，良好的通风可以有效控制大棚内部温度，为蔬菜生长营造一个良好的空间。

（五）适当使用肥料

适当使用肥料，有利于及时补充蔬菜所需的微量元素，提升蔬菜的质量。在施肥过程中，应结合土壤的特质和蔬菜的种类进行科学合理的施肥，遵循有机化肥为主、化肥为辅的原则，促进蔬菜的健康生长。不仅如此，一定要保证蔬菜种植区域内土壤的透气性，在肥料中可以加入一些微量元素，确保蔬菜中的微量元素保持平衡的状态。

随着社会的进步，现代化农业蔬菜栽培技术的不断发展，人们对蔬菜的需求以及对蔬菜质量的要求越来越高。在生态环境污染现象日益严重下促使现代化农业蔬菜栽培技术不断向技术化和科学化的方向发展。现代化农业蔬菜培植技术提高了蔬菜的产量和质量，同时促进了国家现代化农业的发展。

第二节　蔬菜栽培五项实用技术

近年来，临汾市大力推广蔬菜栽培新技术，并因地制宜探索总结了设施蔬菜栽培五项实用技术，现将这几项技术总结如下。

一、水后快速定植技术

技术操作规程。定植前，先在定植沟内浇足水，待水渗完后，左手提上穴盘苗，右手拇指、食指和中指轻轻抓住茎秆，把苗带基质坨完整拔出，然后右手的拇指、食指和中指捏住基质坨，沿水渗后留下的水位线，根据株行距把苗的基质坨按进泥中，使基质坨的四周与泥土紧密接触，同时将基质坨上表面露出。

主要优点。一是提高劳动效率，减去了挖穴、散苗、培土等工序，比传统的定植技术提高 5 倍以上工效。二是解决了深浅不一的问题，定植的深度容易掌握，不会出现定植过深或过浅的问题。三是解决了因地不平整，同一行苗浇水量不均的问题。传统的定植技术的操作流程是先栽苗后浇水，栽苗时，没法掌握把同一行苗栽到同一水平线上，所以，常常出现个别苗浇不到水，或浇水少。四是根系生长快，定植后，因基质坨上表面露出，根系的透气性好，阳光照射可使幼苗根系周围的温度比传统定植技术的温度高，发根速度快。五是减轻土传病害的发生，定植后，因基质坨上表面露出，茎基部不接触土壤，可大大减轻茎基腐病、根腐病和疫病的发生。

注意问题。如果操作不当，容易把基质坨捏散，操作时要严格按照技术规程进行。该技术适宜于穴盘苗。

二、温室蔬菜深翻松土技术

技术操作规程。在前茬蔬菜收获后，土壤适墒时，采用人工翻地，拖拉机深松（或）犁深松，深松深度40厘米，打破犁底层。

主要优点。一是打破犁底层，日光温室因长期不能使用大型机械耕作，只能使用旋耕机，长期以来，耕层不到20厘米，下面就形成不透水的犁底层，浇水时，多余水不能下渗，造成大量死苗现象，通过40厘米的深松，可以打破犁底层。二是减轻土壤盐渍化程度，打破犁底层后，通过浇水，可使耕层的部分盐分下渗到土壤深层，从而减轻土壤盐渍化程度。三是提高产量，打破犁底层后，土壤耕层增厚，利于形成大的根系，有助于提高蔬菜产量。四是减少土传病害的发生。打破犁底层后，土壤的透气性增加，利于土壤微生物活动，达到减少蔬菜病害的发生。如洪洞县曹家庄康民蔬菜专业合作社，2013年7月，把各温室都进行了一次深松土（40厘米），彻底解决了番茄死苗现象，减轻病虫害发病率5%。五是减轻根系窒息死苗，打破犁底层后，土壤活土层加厚，增加土壤的透气性，根系呼吸强度加大，减少根系窒息死亡的发生。

注意问题。犁底层打破后，如果浇水量过大时，肥水会下渗到土壤深层，造成水肥的浪费和地下水的污染。

三、番茄授粉器高效无公害授粉技术

技术操作规程。番茄授粉器是由电瓶、高频振动棒和连接线组成。电瓶充电8小时，使用前，把电瓶和高频振动棒用连接线连接好。授粉时，把电瓶盒的背带挎到肩上，右手握住高频振动杆的手柄开关处，打开开关，高频振动杆开始震动，振动杆的尖端放到已开花的花序的总柄上震动0.5秒即可起到授粉效果，一般4～5天震动授粉1次（不怕重复授粉），选择晴天的上午10时后进行。

主要优点。一是提高劳动效率，采用授粉器授粉，比使用激素授粉提高工效7倍以上。二是提高食品安全，采用授粉器授粉，杜绝了使用激素授粉，果实中没有激素残留，从而提高番茄食用的安全性。三是减轻畸形果发生，使用激素授粉，是番茄畸形果形成的主要因素。采用授粉器授粉，因不使用激素，畸形果率减少了47%以上。四是减轻病害发生，番茄使用激素授粉，由于激素的强烈作用，番茄的花瓣肥大，夹在萼片和果实的柄部不能脱落。花瓣干死后，在潮湿环境中，残留的花瓣容易被病菌感染，发生灰霉病和早疫病。因此，采用授粉器授粉技术，可大大减轻灰霉病和早疫病的发生。五是提高果实品质，番茄采用授粉器授粉，属于花粉授粉，果实内种子多，果汁多，口味好，产量高。

注意问题。1～2月设施内温度低，湿度大，花粉不好形成，采用该技术效果较差。

四、黑色地膜覆盖保温降湿技术

技术操作规程。定植后覆盖黑色地膜：在蔬菜浇过缓苗水适墒后，深锄栽培行，然后覆盖黑色地膜，把苗及时掏出，压好膜侧。直播田覆盖黑地膜：有两种方法，第一种方法，首先把黑色地膜覆盖到种植行，然后根据株行距的要求进行播种。第二种方法，适宜大粒种子（嫌光性种子）。把种子播种后，用黑色地膜覆盖上，使地膜紧贴地面。出苗时，每天上午10时前及时到田间仔细观察，发现出苗（苗顶膜）及时打孔放出。

主要优点。除了有白色地膜的提温保湿作用外，还有很好的除草作用。

注意事项。在高温季节覆盖黑色地膜，掏苗后不要使叶片和茎秆接触黑膜，防止高温灼伤。

五、冬季黄瓜疏瓜护根保秧技术

技术操作规程。日光温室越冬茬黄瓜进入到冬季低温寡照阶段，光合作用降低，叶片制造的碳水化合物少，不能满足黄瓜的正常生长要求，首先表现为生长点新出叶片变小，茎蔓变细，弯瓜增多，叶面展平，其次生长点逐步高出新出的叶片，严重时生长点形成很多雌花，出现顶端开花。进入低温寡照阶段，发现叶片有变小的趋势，开始疏瓜，一般2～3片叶留1个瓜。生长点超出叶片高度时，3～4片留1个瓜。出现瓜打顶时，不留瓜，并要把生长点能看到的雌花及时全部摘除，促其恢复营养生长和根系生长。一般到春节前，不管黄瓜秧蔓好坏与否，都要把植株上的雌花全部摘除，使植株和根系好好恢复，为夺取春季高产打好基础。

主要优点。一是保护根系，疏瓜可使根系得到充足的营养供给，保证根系正常生长。二是防止瓜打顶。疏瓜人为地控制生殖生长，促进营养生长，可以使黄瓜的生长点和叶片正常生长，培育健壮的植株，从而防止瓜打顶的发生。三是提高春季产量，通过疏瓜措施，可使黄瓜植株安全越冬，保持根系正常生长，为春季气温回升取得高产打好基础。

注意问题。黄瓜生长点碰伤后难以恢复，出现瓜打顶时，摘除生长点上幼瓜时，操作不当容易伤到生长点。

第三节　农业蔬菜栽培技术探讨

总结了现代农业蔬菜栽培技术，包括选取适宜的蔬菜品种、选用无害无毒棚膜、确保棚内空气流通、科学施加无污染肥料、合理把控棚内温度等方面内容，以期提高蔬菜的质量与产量，更好地满足广大群众对蔬菜的需求。

近些年，随着经济水平的提高，人们的物质生活水准也在持续提升，人们对蔬菜的需求量日益攀升。为更好地满足广大人民群众对蔬菜的需求，蔬菜种植业发展如火如荼。温室大棚蔬菜栽培技术是现代化农业栽培技术中的常用技术，能够为蔬菜提供良好的生长发育环境，有助于保障蔬菜产量和品质。政府各职能部门、研究机构、农业院校也在持续加大资金投入，以完善温室大棚蔬菜栽培技术。随着国内农业科技水平的持续提高，企业或农户在建造温室大棚时，逐渐不再依赖进口设备。随着全国范围内城镇化、工业化速度的逐渐加快，越来越多的农民离开农村进城务工，进一步增加了农村闲置土地面积。部分企业或农户采用承包的模式发展蔬菜生产，充分利用农村闲置土地，实现农业生产规模化，既能保障蔬菜产量，提高蔬菜种植品质，又能丰富蔬菜品种。基于此，对现代农业蔬菜栽培技术的探究有重要意义。

一、选取适宜的蔬菜品种

在现代化蔬菜栽培活动中，首先要进行蔬菜品种的选择。一是要因地制宜，充分考虑区域的蔬菜种植历史、气候条件、地理特征等因素。如冬季温度较低，光照不充足，应倾向选择更适合在低温环境下生长发育的蔬菜品种。二是要确保选择的蔬菜品种是经过国家职能部门的科学认定的。同时，为尽可能保留蔬菜品种的原始特点，可以优选杂交类蔬菜品种，保障蔬菜种植质量。三是应充分了解区域内的气候环境，确保科学、合理、有效的选择蔬菜品种，优选早熟品种，增强其抗病毒能力，进一步保障蔬菜产量与质量。四是采取种子处理技术，提高种子发芽率。同时，种植人员应科学调整种植温度、种植时间，对种子定期进行翻动，以提高种子存活率，保证蔬菜质量。

二、选用无害无毒的棚膜

在现代化蔬菜栽培技术背景下，栽培现代化的实现主要借助棚膜，其主要作用在于防止蔬菜在种植过程中被外部有害、有毒因素污染。基于现代蔬菜栽培技术的此类特性，种植人员应确保棚膜材质无害、无毒，尽可能选取具有较强抗磨能力的棚膜，以抵抗外部恶劣气候条件对蔬菜的危害。调查显示，现阶段国内大部分地区在蔬菜种植过程中主要选用防老化无滴棚膜。该种材质的特点是质量较好，在使用过程中能够为蔬菜提供适宜的湿度、温度，有助于提高蔬菜的产量、质量。

三、确保棚内空气流通

良好的通风有助于发挥光合作用优势，促进大棚蔬菜快速生长。各岗位的工作人员应高度重视通风作业，确保棚内空气的新鲜性、畅通性，进而调节大棚内部的湿度、温度，及时排出大棚内部的有毒、有害气体，有效预防各类病虫害。一般情况下，大棚的通风口设置在避风处，并在蔬菜种植作业进程中不断调动通风口位置，确保蔬菜大棚的通风口始终能向棚内输送充足的通风量，避免通风口在正常运行过程中出现关闭等问题。

四、科学施加无污染肥料

在现代化蔬菜种植作业进程中，种植人员主要借助施肥作业增强蔬菜的抵抗能力，尤其是抗病虫害的能力。施肥作业同样是推动蔬菜绿色生长、健康发育的重要条件。现阶段，国内各地区政府职能部门正在大力倡导先进的农业种植理念，促进种植户及企业实现农业种植的绿色生态。基于此，应尽可能地使用无毒无害肥料，避免有毒、有害肥料对土地和农作物造成不良影响；在施肥作业前，蔬菜种植人员应充分考虑蔬菜生长发育过程中所需的肥料与土壤特点，从而科学选取相应的肥料。由于区域内的气候环境有极大的差异，蔬菜种植人员应根据种植区域的实际情况，确保肥料品种选择的科学性、合理性、有效性。优选能够增强蔬菜抗病能力的肥料，进一步保障蔬菜种植的产量与质量。种植人员还应采取预处理技术，在施肥作业前对肥料进行处理，提高肥料的针对性；在实际施肥作业进程中，种植人员应科学安排施肥温度、施肥时间，定期翻动种植土壤，提高施肥作业效率，提高蔬菜种植质量、效率。

此外，蔬菜种植人员还应科学合理地调节施肥作业过程中的微量元素含量，确保肥料中所含微量元素的比例能够满足作物生长需求。在实际的蔬菜栽培作业进程中，我国各相关部门正在大力推动有机肥料的应用，在有机肥料施肥前，蔬菜种植人员应对土壤、肥料、蔬菜进行系统性杀菌消毒工作，避免土壤被病虫害侵蚀出现不同程度的损坏。同时，蔬菜种植人员还应合理控制施肥量，避免因施肥过多而出现烧苗问题。

五、合理把控棚内温度

农作物与植物的健康生长无法脱离光照条件，蔬菜种植人员需要通过调节阳光强度来促进蔬菜生长。为尽可能满足不同的温度、气候、季节条件下蔬菜种植栽培对光照的需求，蔬菜种植人员应从以下几方面着手：一是优选具有较高透光度的棚膜作为光照调节的基础设施，并及时清理棚膜上的各类杂物，确保棚膜在蔬菜种植过程中始终保持整洁。二是优选具有较强保温作用的棚膜作为大棚的主体材料，借助棚膜逐步将水滴入土壤中，达到补充土壤水分的目的；在对大棚温度进行控制的过程中，蔬菜种植人员可以借助反光膜逐渐增高室内温度，推动蔬菜健康生长。三是蔬菜种植人员应科学合理地使用棚膜多层覆盖法，确保棚内保温适中；但应注意确保大棚薄膜严丝合缝，避免大风、暴雨、暴雪等破坏薄膜，进而影响棚内蔬菜正常生长。

综上所述，农业蔬菜栽培的现代化发展需要依靠科研人员的积极探索与不断实践。通过科学合理地选取蔬菜品种，使用无害、无毒的棚膜，科学设置通风口，保持棚内空气流通，选取无污染肥料，合理把控棚内温度等提升蔬菜的栽培效率与栽培质量。

第四节　设施蔬菜栽培连作障碍

蔬菜是现阶段我国人均消费量最大的食品之一，为了使蔬菜的生产跟上实际需求，近年来我国蔬菜种植对设施栽培的应用变得越来越广泛，但是随着设施应用的不断深入，连作障碍问题也逐渐凸显出来，对蔬菜种植的质量以及产量都带来了较大影响。本节主要对现阶段设施蔬菜栽培过程中存在的连作障碍进行详细分析，并结合具体情况制定相应的发展对策。

蔬菜的正常供给对社会的稳定发展有着非常重要的作用和意义，为了使蔬菜稳定供给以及供给质量得到保障，必须要在蔬菜栽培的过程中给予足够的重视。现阶段蔬菜栽培工作开展的过程中主要采用的是设施栽培技术，该技术通过人为控制来实现对蔬菜生长的把控。设施栽培技术在实际应用的过程中具有一定的优势，通过对设施栽培技术的合理利用，能够有效减小自然环境对蔬菜生长带来的影响，对蔬菜种植产量的提高有一定的帮助。但是当前设施栽培发展状态并不理想，尤其是连作障碍的存在，对蔬菜种植的质量和产量都带来了较大影响。

一、蔬菜设施栽培的发展现状

我国是一个有着悠久历史的农业大国，由于人口数量的问题，蔬菜的稳定供应一直都是重视程度比较高的民生问题，在科学技术快速发展的时代背景下，传统农业向着现代化、科技化的方向发展，我国蔬菜的栽培面积在不断扩大，尤其是在设施蔬菜栽培技术推行之后。2018 年甘肃省蔬菜种植面积达 59.6 万 m²，在很多地区蔬菜栽培的过程中，由于受地质因素以及气候因素的影响，蔬菜栽培过程中总会出现一些问题，对蔬菜栽培的质量和产量带来了一定的影响。为了改变这样的状况，对传统的蔬菜栽培技术进行了优化变革，采用了现代化的设施栽培技术。

由于科学技术的快速发展，各种新技术以及新材料应用到设施栽培中。在设施栽培工作开展的过程中，保温、保湿材料的选择也变得多样化，对栽培设施各方面性能的提升都有着积极的作用，对蔬菜的正常生长也有着一定的促进作用。

二、设施蔬菜栽培连作障碍出现的原因

（一）土壤养分不均匀

在现阶段蔬菜设施栽培技术运用的过程中，土壤养分不均匀是导致连作障碍产生的主要原因之一。通常情况下，在蔬菜栽培的过程中，由于蔬菜品种的选择有着一定的局限性，一般都是长期选择一种或者是几种蔬菜进行种植，这些品种单一的蔬菜在日常生长的过程

中，往往只会汲取土壤中某些特定的养分，因此单一品种种植时间较长的话，可能导致土壤中某些特定养分的大量缺失，导致土壤整体表现出养分不均匀的状态。除此之外，蔬菜种植户在对蔬菜进行日常施肥时，大多数的农户都会选择一些常见的氮肥、磷肥以及钾肥，而忽略了向土壤中补充一些有机肥以及微量元素，时间一长会导致土壤内部氮、磷、钾的含量超标，有机元素分布不均衡。

病虫害也是导致设施蔬菜栽培过程中出现连作障碍的一大因素，由于在大多数蔬菜种植的过程中，一般都是对单一蔬菜品种进行种植，导致土壤内部的养分无法均匀分布，土壤内部一些有益微生物的生长也会受到阻碍，从而无法对土壤内的肥料进行科学的分解，于是便会引发病虫害，最常见的蔬菜病虫害就是蚜虫以及枯萎病。一旦出现病虫害须立即对其控制，否则这些病虫就会在蔬菜根部大量繁衍，严重影响蔬菜的正常生长。

（二）土壤出现酸化现象

土壤酸化是现阶段造成连作障碍出现的主要因素之一，而土壤酸化出现的原因主要有两方面：一方面是由于酸性肥料的长期使用，导致土壤内部酸根离子的数量大大增加，从而出现土壤酸化问题；另一方面是铵态氮肥的大量施加，使得土壤内部的酸化程度进一步加深。通常情况下，蔬菜生长的最适 pH 值为 5 ~ 6.5，如果土壤内的 pH 值下降到 5 以下的话，则表示已经出现了酸化问题，如果土壤内的 pH 值下降到 4 以下的话，则表面土壤已经出现了严重酸化问题，禁止在此土壤上进行设施蔬菜栽培，同时要立即采取措施对土壤进行治理。

在利用设施栽培技术进行蔬菜种植的过程中，如果向土壤内添加过多的肥料，使土壤完全被肥料所覆盖，一旦遇到暴雨天气，雨水无法对土壤进行全面的冲刷，导致土壤变质，土壤内部会出现水分的失衡，从而不利于后期蔬菜的栽培。对于土壤的底层而言，由于存在盐分以及某些养分的蒸发现象，导致土壤的底层出现一层盐霜，使得土壤发生次生盐渍化。土壤的次生盐渍化是非常严重的一种土壤问题，意味着土壤内的含盐量超标，对土壤的渗透能力也会带来较大影响，如果在这样的土壤中进行蔬菜栽培，会导致蔬菜无法正常的汲取水分，将会使蔬菜的健康成长受到影响。

三、设施蔬菜栽培连作障碍治理对策

（一）采用轮作模式种植蔬菜

导致土壤养分失衡的主要原因之一就是蔬菜种植结构单一，为了解决土壤养分失衡的问题，需要对蔬菜种植结构进行科学的调整。在设施蔬菜栽培过程中采用轮作模式，常见的轮作模式有粮菜轮作模式，可以在土壤上种植一季的大蒜之后再种植一季的夏玉米，不仅能够实现土壤内养分的平衡，还能够有效控制土壤内部病虫害的发生，对蔬菜栽培质量以及产量的提高都有着较大作用。总而言之，针对土壤养分失衡的问题，最好的方法就是采用轮作模式来进行蔬菜种植，这是现阶段防止设施蔬菜栽培连作障碍的有效措施之一。

（二）科学合理的施用肥料

土壤的酸化以及土壤的盐渍化问题都是由于肥料的不合理施用所导致的，因此合理施肥也是现阶段防止连作障碍出现的重要措施之一。在日常施肥的过程中，除了需要对蔬菜添加氮肥、磷肥、钾肥等肥料之外，还需要结合实际需求，合理添加一些有机肥以及钙、镁等一些蔬菜成长过程中需要的微量元素。在整个施肥的过程中要对肥料的使用量进行严格的把控，不能过多添加，能够满足蔬菜正常的生长需求即可，避免土壤出现盐渍化问题。为了对土壤酸化问题进行把控，还需要加强对酸性肥料的控制，可以使用其他类型的氮肥来代替铵态氮肥。在蔬菜的生长过程中需要对土壤养分含量以及酸碱度情况进行实时的监测，定期开展全面检测，并结合检测结果对缺失的养分进行合理的添加。

（三）合理灌溉蔬菜

在设施蔬菜栽培的过程中进行合理的灌溉也是防止连作障碍的重要举措之一。对蔬菜进行合理的灌溉，不仅能够有效满足蔬菜对水分的需求，还能够对土壤内盐分以及酸碱的含量进行稀释，从而达到处理土壤盐渍和酸化问题的目的，能够有效防止土壤盐渍化以及土壤酸化问题的出现。通常情况下，在蔬菜收获后的换茬期间，可以在蔬菜大棚附近或者是蔬菜大棚内设置相应的灌水系统以及排水系统，不仅能够将棚内的雨水排除，还能够对土壤内的盐分起到一定的稀释作用。

总而言之，设施蔬菜种植是现阶段最成熟的一种蔬菜种植技术，通过对该技术的合理运用，对蔬菜种植质量和产量的提高都有着积极的作用。除此之外，通过对设施蔬菜种植技术的合理运用，不仅能够对蔬菜的生长进行有效控制，还能够降低自然环境因素对蔬菜生长带来的影响，能够推进蔬菜种植行业的快速、稳定发展。

第五节　温室蔬菜栽培的环境条件

随着社会经济的不断发展，人们的生活质量逐步提升，使得人们对于蔬菜的需求量和需求标准也不断提升，进而促进了我国蔬菜种植行业的发展。温室蔬菜栽培技术是当今最为常用的蔬菜种植技术，而在蔬菜的温室栽培中，环境条件的有效控制是保障蔬菜产量与质量的关键。基于此，对温室蔬菜栽培环境条件的控制策略进行研究，以期能够有效种植温室蔬菜。

近年来，随着我国蔬菜种植行业不断发展，温室蔬菜种植技术水平也不断提高。在温室蔬菜的栽培过程中，温度、湿度、光照、二氧化碳以及其他各种环境因素的相互作用都会对温室蔬菜栽培造成很大的影响。因此，要想有效保障温室蔬菜的质量与产量，在进行温室栽培过程中，就应该有效控制环境条件。

一、温室蔬菜栽培中对环境条件的控制方法

对温度条件的有效控制在对室内温度进行控制的过程中,通常采用加热或通风来实现。在夏季温度较高时,可以应用相应设备来降低室内温度,比如遮阴网、喷雾器以及排风机等设备,也可采用卷边膜或开启天窗的方式来降温,此外,增加灌溉量也能够达到降温的效果。在冬季,可以采用盖膜以及装设加热系统设备的方式对温室进行合理加热。对于比较先进的温室,可以采用计算机来对控制相关设备的温度,根据光照条件、室内温度、室外温度、风向以及风速等对加热管道的温度以及天窗开启的程度进行合理计算,使室内温度得到合理控制。

对湿度条件的有效控制在对室内湿度进行控制的过程中,通常采用加热或通风的方法来实现。如果室外的湿度较低,应控制加热温度在短时间内高于通气温度,在加热过程中开窗,以实现水蒸气的置换,进而有效提高温室内湿度。如果室外湿度适宜,但是光照条件较弱,或者室外湿度较高,可以采用最低管道湿度的设定来降低植物周围的湿度,也可以通过设定最小开窗度来保持持续通风,进而实现湿度的有效降低,或采用排风扇进行强制通风,同样可以有效降低室内湿度。如果想要增加室内湿度,还可以采用喷雾或盖遮阴网的方法来实现对室内湿度的控制。

对光照条件的有效控制在夏季光照较强时,应采用遮阴网来减少室内光照,保护蔬菜植株。在其他的季节,温室蔬菜的光照控制都以补光为主。在给温室蔬菜补光时,可以采用降低温室遮光、保持覆盖物清洁、应用乳白色的地膜或黑白双色膜铺地的方法进行有效补光。如果所种植蔬菜具有耐弱光的性质,通常情况下不需要进行人工补光。

二氧化碳的补充补充二氧化碳通常是在温室关闭的状态下进行。给温室蔬菜补充二氧化碳的方法有很多,如燃烧沼气、天然气的方法产生二氧化碳,也可利用化学方法产生二氧化碳,即在温室内放置专用容器,在容器中装入稀硫酸,然后将碳铵投入其中,即可产生二氧化碳。应用碳铵时,应用塑料袋将碳铵包好,然后在塑料袋上扎小孔,让碳铵慢慢释放出来。此外,还可以直接应用灌装二氧化碳进行施放,或用二氧化碳发生器释放二氧化碳。通过这样的方式,可以给温室蔬菜补充足够的二氧化碳,以保证温室蔬菜的生长。

二、温室蔬菜培育环境条件的综合控制

温室环境的综合控制就是对生产者环境条件的设定值、修订值进行控制,以得出环境因子的计算值。调整温室环境主要是利用生理控制技术、物理控制技术以及各种环境条件之间互相作用的关系。通常情况下,光照属于一项限制条件,光照一般都是不可控的,基于这一情况,可以根据光照情况对室内加热温度、通风湿度以及二氧化碳浓度等进行调整。另外,由于室外的气候情况对于室内环境的控制也有着很大程度的影响,因此,在对温室环境条件进行综合控制时,相关设定值也应该根据室外的环境条件来确定。

三、节能技术在温室环境控制中的应用

节能技术的应用就当今各地的现代化温室运行情况而言，在对环境条件进行控制的过程中，对温室种植发展有着最大制约作用的就是高能消耗。因此，在温室栽培中，节能技术应得到合理的应用。应该有效提升温室的保温性，可以应用遮阴和保湿两用的透明薄膜、移动幕以及加铝薄膜等材料来起到保温保湿效果，能够达到 20% ~ 60% 的节能效果。冬季应在边墙的通风口加设一层薄膜以达到密封保温效果。由于塑料温室通风口较大，温室的保温性难以获得有效保障，因此冬季可以封闭边窗，仅开启天窗。提升温室的加温效果。在此过程中，可以正常使用加热系统，有效减少热浪费情况。由于加温的过程比较难控制，尤其是在作物的需求以及锅炉的正确供热配合方面，如果做不到有效协调，就很容易出现供热过量或供热不足的情况。如果供热过量，就会造成能源浪费，如果供热不足，将会严重影响蔬菜的质量和产量。

应用控制技术实现节能效果在温室蔬菜培育过程中，可以应用计算机对环境条件进行控制，进而有效节约能源。当前，国外以及我国的很多发达城市都已经开发出一系列节能控制技术以及节能软件。积温控制。在白天对高温进行控制，而在夜间尽可能对低温情况进行控制，使温室中 24 h 的平均温度能够保持在适宜状态。在室外温度较低、大风等不易加温的条件下，降低设定的温度，在其他时间补足积温。在有着充足光照的条件下，这一技术的应用可以达到30%左右的节能效果。光照相关温度的控制。与恒定的温度控制相比，这一技术的应用可以达到 31% 的节能效果。温度幕的动态控制。通过应用计算机对使用保温幕的节能效果以及产量损失之间的经济差异进行合理分析，有效确定是否使用幕布以及保温幕布的开启和闭合速度。利用专家系统对作物生长进行实时动态控制。这一系统可以与温室蔬菜的生长紧密联系，以蔬菜的净光合率为依据进行环境条件控制。

随着蔬菜种植行业的不断发展，环境条件控制越来越受到人们的重视。因此，在温室蔬菜的培育过程中，应该通过对温度、湿度、光照以及二氧化碳对室内环境条件进行控制。同时，也应该对综合控制策略以及当今先进的节能技术与节能软件进行合理应用，从而才能有效控制温室蔬菜的环境条件，保障温室蔬菜的产量和质量，达到良好的节能效果。

第三章 蔬菜育苗技术

第一节 设施蔬菜的育苗技术

近年来，随着设施农业投资力度的不断加大，设施蔬菜的发展也随之加快，农民的种植积极性亦随之不断提高。蔬菜育苗是设施蔬菜生产的基础环节和关键环节，蔬菜种苗良种化、育苗工厂化、供苗商品化、种苗标准化是当今世界育苗的发展方向，可缩短育苗时间，节约用种量，提高育苗的保险系数，对引进、试验、示范、推广外来良种以及提高成功率等方面起到重要保证，同时对提高土地复种指数、解决土地危机、保护环境有积极作用。基于此，文中从育苗期确定，营养土配制，种子处理，催芽，播种，苗期管理方面对设施蔬菜的育苗技术进行了总结，旨在为提高设施蔬菜产业的收益提供科学参考。

一、育苗期的确定

在保护地育苗生产中，育苗生产程序基本上分为 3 种类型：

（1）温室播种 - 温室分苗 - 冷床（阳畦）炼苗，为温室或大棚种植蔬菜进行育苗。温室种植番茄、辣椒和茄子，一般在 12 月底至第 2 年的 1 月初开始播种，在春节前后进行分苗，2 月底定植苗。温室种植黄瓜一般在 1 月初用营养钵播种育苗，2 月底定植。大棚种植番茄、辣椒和茄子一般在 1 月上旬播种，春节后分苗，黄瓜在 2 月中旬用营养钵育苗，3 月底或 4 月初定植。

（2）温室（阳畦）播种 - 冷床（阳畦）分苗，为中棚、小弓棚或露地种植育苗。中棚种植辣椒和茄子一般在 2 月底育苗，3 月中旬分苗，4 月中旬定植。露地种植番茄、辣椒和茄子一般在 3 月初播种育苗，4 月初分苗，5 月初定植。

（3）冷床（阳畦）播种 - 冷床（阳畦）分苗或冷床播种后不分苗直至定植，为露地种植育苗。露地番茄、黄瓜一般在 3 月中旬播种育苗，5 月中旬定植。

二、营养土的配制

穴盘育苗的基质材料包括土壤、有机肥、化肥、草炭（多由莎草或芦苇形成）、蛭石、珍珠岩、树叶、树皮、细沙、炉渣、菇渣、秸秆、稻壳等，添加物有保水剂、农药、微生物等。在配制营养土时，要根据蔬菜的种类和生理特性科学配制。

生产中，应当因地制宜，选用适宜的基质材料，按比例科学配制营养土，使营养土达到相应的理化指标：一般要求有机质含量 15% ~ 20%，速效氮含量 150 mg/kg，速效磷含量 100 mg/kg 以上，速效钾含量 100 mg/kg，pH 6.0 ~ 6.5。

配制好的营养土通常采用化学熏蒸法进行消毒，常用的药剂有甲醛、多菌灵、溴甲烷以及五代合剂（等量的五氯硝基苯和代森锌的混合物）等。

三、种子处理

播种前如果进行种子处理，不仅可以培育出壮苗，而且还可以有效防止病害，种子处理步骤一般包括种子消毒、浸种、催芽等措施。

（一）种子消毒

种子消毒方法比较多，主要有：干热消毒、开水烫种、温汤浸种、高锰酸钾溶液浸种、氢氧化钠浸种、硫酸铜溶液浸种、甲基硫菌灵浸种以及药剂拌种等。

干热法。多用于番茄和黄瓜的种子处理，即先晒种，使种子含水量降到 7% 以下，再将种子放到 70℃的烘箱中烘烤 3 d，最后取出浸种催芽。

开水烫种。适用于种皮比较坚硬的瓜类种子。操作时，将开水倒入容器中，水量为容器的 1/2，将种子投入开水中，用木棒不停地搅动，使种子均匀受热，搅动 5 min，迅速加入冷水降温，水温降至 20 ~ 25℃，继续浸种。一般黄瓜浸泡 4 h，番茄浸泡 6 h，辣椒和茄子浸泡 12 h。

温汤浸种。温汤浸种是打破种子休眠，促进种子发芽、灭菌防病，增强种子抗性的最简单、有效的种子处理方法。要根据种子的特性掌握好浸种的水温和浸种时间：一般番茄、黄瓜的浸种水温为 55℃，浸种时间为 5 min；辣椒、茄子的浸种水温为 50℃，浸种时间为 5 min；芹菜的浸种水温为 48℃，浸种时间为 20 min。

高锰酸钾溶液浸种。先将种子放在 50℃的热水中浸泡 5 min，再浸入 1% 的高锰酸钾溶液中 15 min，捞出用清水洗净。

氢氧化钠浸种。用清水将种子浸泡 4 h，然后放到 2% 氢氧化钠溶液中 15 min，再用清水冲洗、晾 18 h。

硫酸铜溶液浸种。先用清水浸泡种子 4 ~ 5 h，后放入 10% 的硫酸铜溶液中浸 5 min，取出后冲洗干净。

药剂拌种。将种子装入干净的容器中，按种子重量的 0.3% ~ 0.4% 加入福美双、多菌灵、敌克松、五氯硝基苯等药剂，充分混拌，使药剂均匀地黏附在种子表面即可。

（二）催芽

蔬菜种子经过催芽处理后再育苗或直播，不仅苗齐、苗壮，而且能促进蔬菜早熟、高产。催芽可以采用沙子催芽法、瓦盆催芽法、水袋催芽法等方法，有条件的可以用恒温箱。无论采用哪种方法催芽，都要求用温度计测温，掌握好催芽的温度。一般番茄为25 ~ 28℃，辣椒为 25 ~ 28℃，茄子 25 ~ 30℃，黄瓜 25 ~ 28℃。催芽过程中，每天淘洗2次种子。为了达到芽齐芽壮的效果，有些蔬菜种子如瓜类种子还需要实行变温催芽，当有 30% ~ 50% 的种子露白时，将种子放到 8 ~ 10℃ 的环境下 8 ~ 10 h，再加温继续催芽。

四、播种

播种要求掌握播种的几个关键环节，即：播种期的确定、苗床浇水和播种的要领、育苗面积的计划、覆盖营养土的配制方法以及播种量的确定。

（一）播种期的确定

一般春提早温室育苗辣椒的育苗期需要 60 ~ 65 d，苗龄要 6 ~ 7 片真叶、显大蕾。根据适宜定植期为 3 月下旬向前推算，播种期应该在 1 月初；番茄、茄子的育苗期需要55 ~ 60 d，苗龄要 6 ~ 7 片真叶、显大蕾。根据适宜定植期为 3 月下旬向前推算，播种期应该在 1 月中旬；黄瓜的育苗期需要 40 ~ 45 d，苗龄要 4 ~ 5 片真叶。根据适宜定植期为 4 月上旬向前推算，播种期应该在 2 月中旬。

（二）苗床浇水和播种要领

盘式育苗在播种前要先将营养土精细整平，用喷壶轻缓洒水，使水面高出土面 1 ~ 2 cm，注意营养土平面不能有明显的水蚀坑，水渗下后在播种前再洒湿，以便达到浇透水的效果。

播种可以用细砂拌种撒播，或用嘴吹喷播，大粒种子用镊子点种，不要用手直接拿种子。播种过程中，要保证不伤种子胚芽，播种完毕随即覆土，番茄、辣椒等小颗粒种子，一般播后覆土厚度为 1.0 ~ 1.5 cm，大粒种子如黄瓜的覆土厚度为 3 ~ 4 cm。覆土以后用薄膜覆盖保湿。

大面积穴盘育苗为了保证出苗的整齐度，一般事先提前播种，用干种子播种，一般 1穴播种 1 粒，播后叠层备用。到育苗期时同时浸水、摆盘和加温出苗。

如果配制的营养土没有采取消毒措施，播种时，通常采用营养土下铺上盖的方法来进行床土消毒，方法是：用 50% 多菌灵可湿性粉剂与 65% 代森锌可湿性粉剂按 1 ：1 的比例混合，每平方米苗床用药 8 ~ 10 g，与 20 kg 左右的半干细土混合，1/3 铺在苗床上，待播种结束后，将其余的 2/3 盖在种子上面。

（三）育苗面积的计划

生产中，要根据不同蔬菜种类和育苗方式，正确计划和留好育苗面积：番茄一般为45 ~ 60 m²/hm²；辣椒 60 ~ 90 m²/hm²；茄子 45 ~ 60 m²/hm²；黄瓜 525 ~ 600 m²/hm²；葫芦瓜 225 ~ 300 m²/hm²；早甘蓝 45 ~ 60 m²/hm²；花椰菜 45 ~ 60 m²/hm²；芹菜 375 m²/hm²。

（四）播种量的确定

根据不同蔬菜种类、不同种植方式或蔬菜品种的种植密度、千粒重、成苗率，确定具体用种量。采用保护地育苗的用种量较少，一般番茄用种量 600 ~ 750 g/hm²，辣椒 2 250 ~ 3 000 g/hm²，茄子 1 200 ~ 1 800 g/hm²，黄瓜 4 500 ~ 6 750 g/hm²。采用穴盘精量播种用种量则更少，但对种子的各项质量指标要求更高，一般果菜类种子的一级种子发芽率在 85% 以上，基本可以满足盘式集约育苗，成苗率一般在 60% ~ 80%，穴盘精量播种每穴播 1 粒种子，要求发芽率达 98% 以上，成苗率达 95% 以上。

五、苗期管理

中级蔬菜园艺工要求掌握苗期所需的温度、湿度和光照条件，掌握分苗、倒苗和炼苗与管理，掌握苗期的生理调控方法，掌握苗期病虫害识别方法与防治措施。

（一）温湿度控制

苗期出苗要求保持比较高的温度，如果用盘育苗每天要变换位置，使苗受光均匀，黄瓜苗顶土后就要转入 15℃ 的低温，控制下胚轴徒长。待大部分苗出齐后到真叶顶心的温度条件，根据蔬菜种类的不同而有所不同，番茄一般白天气温控制在 18 ~ 22℃，夜间控制在 10 ~ 11℃，黄瓜一般白天气温控制在 20 ~ 22℃，夜间温度控制在 11 ~ 12℃，辣椒一般白天气温控制在 20 ~ 25℃，夜间控制在 12 ~ 13℃，番茄苗的夜温如果长时间低于 10℃，容易生长出畸形果。这段时间的空气相对湿度应当保持在 50% ~ 65%。从真叶顶心到分苗前的温度条件比出苗一真叶顶心略微小偏高一些。

（二）分期管理

分苗。分苗的时机一定要把握好，一般番茄、茄子和辣椒以两叶一心时分苗为好，在分苗前保持白天温度为 22℃，夜间温度为 22℃，比真叶伸出前的夜温稍稍偏高一些，这样可以促进幼苗强势生长和发根。

分苗时最好先移栽入疏松的营养土中，然后再灌水，有利于根系舒展和新根均匀分布。分苗后要灌足缓苗水，然后保持比较高的温度和湿度，并且适当遮阳，保持白天温度为 25℃，夜间温度为 18℃，地温保持在 17 ~ 20℃，空气相对湿度高于 70%。分苗时，要将高低苗、细弱苗分开放置，高苗和细苗放在低温区，矮苗放在中高温区。在幼苗还没有直立缓苗前，不适宜放风。

倒苗。蔬菜苗从分苗到移栽前一般需要倒苗 2 ~ 3 次，一般每隔 10 ~ 15 d 倒苗 1 次，倒苗时，重新将苗按高低和壮弱苗进行分类排列。

炼苗。早春定植的蔬菜作物尤其需要进行炼苗，一般茄果类蔬菜炼苗的适宜温度为：番茄为 3 ~ 5℃；茄子、辣椒为 8 ~ 11℃。炼苗的具体方法为：在定植前 5 ~ 7 d，逐渐降低育苗场所的温度，控制水分，停止加温，逐渐加大通风，撤除覆盖物，到定植前 3 ~ 4 d，使育苗场所的温度接近栽培地场所的条件。一般炼苗期间不要浇水，如果午间个别地方的苗出现萎蔫现象，只能在萎蔫的地方随时少浇一些水，使苗缓过即可，千万不可大量浇水，否则土壤湿度过高，幼苗容易发生徒长。

定植壮苗缓苗快，发棵早，以后也生长比较旺盛，开花结果早，早熟高产。壮苗的特征应该是茎短粗，节间紧密，叶大而厚，叶色正，须根多，没有病虫害；果菜类幼苗的花芽分化早，花芽多，素质好，生命力强，耐低温等。

一般黄瓜壮苗为 5 ~ 6 片真叶，16 ~ 20 cm 高，45 ~ 50 d 左右育成；茄果类壮苗为 6 ~ 8 片真叶，16 cm 高，大约 80 d 左右育成；西葫芦壮苗为 5 ~ 6 片真叶，30 ~ 35 d 育成；甘蓝壮苗为 6 ~ 8 片叶，70 d 左右育成。

（三）苗期生理调控

蔬菜苗期的生理调控包括苗期营养生长的生理调控、苗期花性型诱导以及苗期抗逆性调控 3 个方面。苗期营养生长的生理调控的技术措施是通过温度、湿度、水分和光照等要素来控制，苗期花性型诱导主要指黄瓜和西葫芦类蔬菜作物非雌性型品种的苗期诱雌措施。

生产中通常通过喷乙烯利的方法来进行蔬菜的花性型诱导，实践证明，分不同苗龄喷药，浓度前低后高，效果更好。以黄瓜为例，一般在苗 2 ~ 3 片真叶时喷 100 mg/kg 乙烯利 1 次，在苗长到 4 ~ 5 片真叶、栽苗前再喷 1 次 150 mg/kg 的乙烯利。

在育苗期间，还要按照不同蔬菜种类或品种在苗期对温度、光照、水分环境条件进行科学有效的调控，育苗期间需要加强苗期管理，提高幼苗自身的抗逆性。温度管理总体原则为"二高三低"，即白天高，夜间低；阴天低，晴天高；出苗前和移栽成活前要高，出苗后和移植成活后要低。生产中控制幼苗徒长主要是通过温度的精细调控而不能通过控水的办法来实现，极端控水很容易使幼苗产生致命性的生理损害。

第二节　夏秋蔬菜育苗技术

蔬菜育苗是蔬菜生产中最重要、技术比较繁杂的关键环节。蔬菜育苗不仅可以缩短蔬菜在大田中的生长时间，提高土地利用率，而且大大提高了菜苗移栽成活率，使缓苗期明显缩短，降低生产成本，大幅提高经济效益。基于此，本节主要从育苗场地土壤及周边环境的选择、大棚搭建、育苗前翻耕整地作苗床或营养土配置、播种期与播种量的确定、浸种催芽、出苗前及幼苗出土后的管理要求以及苗期主要病虫害防治 7 个方面详细阐述夏秋蔬菜育苗技术，以供参考。

蔬菜育苗是蔬菜生产中最重要、技术比较繁杂的关键环节。蔬菜育苗可以缩短蔬菜在大田中的生长时间，提高土地利用率；延长作物最适宜的生长时期，提高蔬菜产量、品质和提早采收。通过集中管理，便于肥水、病虫控制，利于培育出整齐一致的适龄壮苗。然而，在南方地区，6—8月正值高温、台风多发、暴雨频发时期，在此期间素有育苗难或育不出好苗的现象发生，以至于影响蔬菜生产的正常进行和产品质量，蔬菜销售市场秋淡现象时有发生。中小型蔬菜企业只有靠外地调苗移栽，农户只能靠天吃饭。外地调苗移栽，不仅提高了运输成本、菜苗质量良莠不齐，而且一次性调苗受劳力限制当天移植不完，严重影响菜苗成活率。为较好地解决夏秋蔬菜育苗问题，笔者在借鉴外地经验的同时经多年实践探索，总结出一套夏秋蔬菜避雨育苗技术，自育菜苗不仅节约了运输成本、中间差价，而且大大提高了菜苗移栽成活率，不仅缓苗期明显缩短，还降低了生产成本，经济效益大幅提高。现就有关夏秋蔬菜育苗技术详述如下。

一、育苗场地土壤及周边环境的选择

要求育苗场地交通便利，周边无环境污染源，水利资源丰富，光照充足，育苗田块地下水位在80cm以下，土层深厚、土壤肥沃且富含有机质，土壤质地疏松、通透性良好，近两年至少前茬未种过同科作物的旱能灌、涝能排的壤土或沙壤土地块为佳。

二、大棚搭建

蔬菜育苗大棚分日光温室大棚、镀锌管骨架塑料大棚、竹木结构塑料小拱棚等几种类型。日光温室大棚造价高，温湿度控制一般采取电脑程控模式，适宜于大型蔬菜种植企业集约化、工厂化育苗。镀锌管骨架塑料大棚外配遮光率为60%～75%的遮阳网，棚体跨度800cm、高280～300cm、长3000～5000cm，具有结构简单、建造和拆装方便、便于劳力操作、一次性投资较少等优点，是目前夏秋及其他季节育苗较为理想的棚型，适宜于中小蔬菜企业育苗。中小棚由于棚体小，土地利用率不高，不便于温湿调控和室内操作管理，仅适宜于小户型个体生产者育苗。

三、育苗前翻耕整地作苗床或营养土配置

苗床育苗翻耕整地苗床育苗适宜于大白菜、芹菜、莴笋、甘蓝、花椰菜和茄果类等育苗。整地前每667m² 施腐熟有机肥2500kg或生物有机肥250kg，加生石灰75kg、过磷酸钙25～30kg、硫酸钾型复合肥20kg。将上述肥料均匀撒施于土面上，然后再进行全面翻耕，耕层深度25～30cm，采用二犁二耙的方式尽量使土壤细碎，翻耕完后按每畦畦面宽120cm开沟，沟宽30cm，每棚5畦，畦面高25cm。

营养钵（杯）育苗营养土的配置营养钵（杯）育苗适宜于瓜类蔬菜护根育苗及茄果类蔬菜分苗。营养土要求土壤疏松肥沃、富含有机质，团粒结构、通透性能好，不带杂草种子。可用50%～60%的稻田土或烧制的火土灰、35%～45%腐熟有机肥，加入适量谷壳、过磷酸钙、生石灰、硫酸钾复合肥，按1m² 床土加50%福美双或50%多菌灵可湿性粉剂10g，拌入土中进行土壤消毒，然后将土充分翻拌均匀起堆待装钵（杯）。装钵（杯）时采

用下紧上松的方法，先装 2/3 营养土，然后压实。

四、播种期与播种量的确定

蔬菜播种期与播种量的确定应根据当地气候条件和生产计划适时播种，如秋番茄、秋辣椒、秋苦瓜、秋丝瓜等一般在 7 月下旬播种，秋茄子于 6 月上旬至 7 月初播种。播种量由栽培面积、定植密度、种子质量、育苗技术决定。一般番茄播种量为 25g/667m²，茄子、辣椒播种量为 50g/667m²，黄瓜、冬瓜、南瓜、丝瓜播种量为 100g/667m²，西葫芦、苦瓜、瓠瓜播种量为 250g/667m²，莴笋播种量为 150 ~ 250g/667m²，芹菜播种量为 50 ~ 80g/667m²，花椰菜、结球甘蓝播种量为 20 ~ 25g/667m²，大白菜播种量为 80g/667m²。

五、精量播种

夏秋蔬菜育苗有部分种子可直接干籽播种，如花椰菜、甘蓝、大白菜等。有部分种子如茄果类、瓜类、芹菜、莴笋等需要先进行浸种催芽，待胚芽露白后再进行播种，以确保发芽整齐一致。

温水浸种与种子消毒用 55℃温水（1 杯开水对 1 杯凉水）将种子放入温水内，不断搅拌均匀，待水温降至常温后再浸种 4 ~ 8h，然后用纱布将种子滤干水分，再放入 50% 多菌灵 800 倍液或高锰酸钾 1000 倍液中浸泡 5 ~ 10min，取出后用清水冲洗干净，待水分滤干后放入 20 ~ 25℃环境下催芽，每天将种子翻动一次，并保持种子湿润，当胚芽露白时即可播种。

播种前苗床及营养钵（杯）的管理一是将苗床或营养钵（杯）浇透底水，让土壤充分湿润；二是在土表没有明显水分时做好土壤消毒及地下害虫的防控，药剂为 96% 恶霉灵 3000 倍液或高锰酸钾 1000 倍液，加 90% 敌百虫 800 倍液或 2.5% 功夫 1500 倍液，在土表均匀喷雾一遍。三是稀播、匀播蔬菜种子、瓜类蔬菜采用营养钵（杯）护根育苗的，每个钵（杯）播种一两粒。四是播种子后及时盖土，一般瓜类、茄果类盖土厚度为 1.0cm，大白菜、芹菜、甘蓝、花椰菜、青花菜和莴笋盖土厚度 0.5 ~ 0.8cm。五是盖土后再在土表喷雾一次上述药剂，能有效防治猝倒病、立枯病、灰霉病及地下害虫的危害。

六、出苗前及幼苗出土后的管理

出苗前及幼苗出土后主要应掌握好棚室内水分和温度的调控。

出苗前的管理出苗前主要保持土壤湿润，温度控制在 20 ~ 25℃。不同蔬菜品种对水分的要求不尽相同，一般要求田间持水量保持在 65% ~ 80% 为宜，过湿易造成蔬菜种子烂种及病害发生。浇水宜选择早上或傍晚进行。

幼苗出土后至分苗（间苗）期管理幼苗出土后应适当控制水分并保持棚室通风透气，采取见干见湿的水分调控措施，幼苗期自出土至分苗期一般不施肥，当番茄长至 1 片真叶，茄子长至 2 片真叶，辣椒长至三叶一心，甘蓝、花椰菜长至二叶一心时进行分苗（间苗），采用去密留稀的方法，苗与苗之间的间距控制在 5 ~ 7cm。分苗（间苗）前 1d 将苗床和分苗床或营养钵（杯）浇透底水，分苗（间苗）时尽量多带土少伤根。茄果类蔬菜在有条件的情况下，最好移至营养钵（杯）内进行护根培养，移栽至大田时可有效减缓缓苗期，提高幼苗的成活率。及时在移植分苗（间苗）后浇稳根水。

分苗后对母苗床及营养钵（杯）苗及时追肥分苗后对母苗床及营养钵（杯）苗及时追施一次稀薄人类尿或 667m2 用 5kg 尿素对水浇施。也可结合防病虫加入 2‰ 的尿素和磷酸二氢钾叶面追肥，以利于壮苗。

培育适龄壮苗标准是幼苗叶片厚实、色泽深、茎粗壮、根群发达。一般茄果类苗龄 25 ~ 30d，苦瓜 10 ~ 15d，大白菜 20d，甘蓝花椰菜 25 ~ 30d，青花菜（西兰花）30 ~ 35d。

七、苗期主要病虫害防治

苗期病害主要有猝倒病、立枯病、灰霉病等，虫害主要有蚜虫、粉虱、跳甲、叶甲、菜青虫、斜纹夜蛾和地下害虫等。

病害防治措施主要把握好适时播种，及时间苗、分苗、防止徒长，加强棚室通风透光，控制水分，发现病苗及时拔除，并在发病初期喷施 96% 恶霉灵 3000 倍液或 75% 百菌清 600 倍液或高锰酸钾 1000 倍液，还可用 75% 代森锰锌 600 倍液或 25% 甲霜灵可湿性粉剂 800 倍液防治，隔 7 ~ 10d 再用药一次，连续用药两三次，用药时注意交叉用药，以降低病虫的抗药性。

虫害防治措施地下害虫可用 90% 敌百虫 800 倍液或 2.5% 功夫 1500 倍液防治。蚜虫、粉虱可用 10% 吡虫啉 2000 倍液防治。跳甲、叶甲、菜青虫、斜纹夜蛾可用 2.5% 功夫 1500 倍液或甲维盐 1000 倍液或 2% 阿维菌素 1500 倍液防治。

第三节　春季蔬菜育苗的技术

育苗是春季蔬菜栽培的主要特色和重要环节，对于培育壮苗、提高产量、提早或延后栽培、反季节栽培等具有重要意义。通过春季蔬菜育苗可以改变蔬菜栽培的早期环境，为蔬菜早期的生长发育创造适宜的环境条件。在本节的研究中，通过实践，从蔬菜春季育苗营养土的制作、播种、苗期管理等方面进行了详细的分析，以供相关人员参考。

在党中央把农业农村放在优先发展的政策导向指引下，农业产业得到了很大程度的发展。越来越多的生产者加入到蔬菜生产种植行列当中，既丰富了城市的菜篮子，又增加了农民的收入。在蔬菜种植过程中，春季是一个重要的季节。通过春季育苗可以改变蔬菜栽培的早期环境，为蔬菜的生长发育创造适宜的环境条件。为此，就必须掌握好蔬菜育苗技术，并科学地组织实施。

一、现代农业蔬菜种植的特征

（一）朝向规模化生产的方向发展

近年来，各地不断探索蔬菜种植多元化发展模式，着力提高优势蔬菜基地的综合效益和竞争力，使蔬菜产业呈现良好发展态势。在此基础上，生产者朝着规模化生产的方向发展，注重扩大蔬菜种植规模，以蔬菜专业合作社为依托，大力推广蔬菜新品种新技术，发展绿色无公害出口蔬菜基地，增加单位土地面积生产作物的经济价值，促进蔬菜种植健康可持续发展。

（二）大棚种植技术的应用十分普遍

大棚种植技术作为一种新型农业技术，在蔬菜种植过程中能够有效地提升蔬菜的产量，满足人们对反季节蔬菜的需求。然而，大棚蔬菜种植技术在实际应用中，棚室种植的模式、病虫害的防治等方面还有很大的提升空间，需要不断地向群众推广新的技术，提高操作的有效性，实现大棚蔬菜种植的广泛应用。

（三）强调标准化的推广

标准化生产是现代市场经济条件下蔬菜生产及产业化发展的必由之路。人民对无公害蔬菜、有机蔬菜的强烈需求，要求蔬菜生产必须改变传统的产业结构，大力推广以优良品种为先导，标准化栽培设施为关键，标准化栽培技术是保证，无公害蔬菜是宗旨的精准化栽培技术体系，生产出质量符合标准的产品。

二、常用的育苗设施

（一）利用冷床进行育苗

冷床育苗，也称为"阳畦育苗"，是一种利用太阳能来提高床温的育苗方式。由于这种畦子没有采取其他的加温措施，所以被叫作冷床。冷床结构简单，成本低，在白天靠太阳照射在床面，透过透明覆盖材料使阳光到达畦面而提高畦内温度；到了夜间，畦内土壤中白天贮藏的热量慢慢向外释放。由于有透明材料和保温材料的覆盖，阻止了热量向外散失的速度，使热量聚集在畦内，从而提高了畦内温度。冬春季节，一般冷床气温比露地提高5-15℃，地温比露地可提高10℃左右，管理得当可在山东等北方地区冬季育番茄、甘蓝、菜花苗，在春季育瓜类苗。

（二）利用温床来进行育苗

温床是在冷床的基础上改造的。在床底铺设一定的酿热物来作为人工补充热源，或者是通过电热线加温来提高苗床的温度，是一种具有保温设施的苗床。相对于冷床来说，温床的优势更加明显，可以控制土壤的温度，充分满足幼苗生长发育的需要，不仅可以提高育苗的质量，更能缩短育苗的时间。

（三）利用温室来进行育苗

温室育苗，是目前早春和冬季的主要育苗方式。此时，外界环境的温度比较低，而温室内的温度高，更容易于培育出适龄壮苗。这种育苗方式，主要用来培育番茄、茄子以及辣椒等苗龄期比较长而且又提早生产的蔬菜。但是，这种技术所需要的成本较高。

（四）利用塑料棚来进行育苗

由于塑料棚具有简单易行、经济性高、可操作性强等多种优点，所以也是当前广大农村中普遍采用的育苗方法。并且，塑料薄膜还能够透过紫外光，防止部分热量散失，减少昼夜温差，所以对于培育壮苗来说也是十分有利，可以有效地防止幼苗徒长。

生产中可根据蔬菜种类、生产条件、地域环境、经济状况和技术水平等方面综合考虑选择适宜的育苗方式，以期达到早栽植、早采收、延长采收期的目的。

三、春季蔬菜育苗的技术要点

春季蔬菜育苗的目的是为蔬菜的早期生长营造一个适宜的环境条件，达到延长生长季节，增加种植茬口，提高土地利用率，从而增加单位面积产量，提高蔬菜质量，提高经济效益。

（一）科学配制营养土

所谓的"营养土"，是指用大田土、腐熟的有机肥各种疏松物质和化学肥料等按照一定比例配置而成的育苗用土壤。一般用60%过筛的肥沃田土、20%充分腐熟的有机肥或草炭和20%过筛的细煤灰配制而成（按体积计算）。每立方米再均匀混拌50%多菌灵可湿性粉剂40g消毒，然后盖好塑料薄膜，闷2-3天，撤膜待药味挥发后即可使用。田土必须秋备，选用2-3年内未种过同类蔬菜的地块10cm表层土，最好从未使用过如阿特拉津、豆磺隆等长效除草剂的玉米、大豆田中取土。

（二）播种

苗床准备采用营养土育苗或撒播育苗的，可将配好的营养土直接铺在苗床上；采用营养钵育苗，可将营养土直接装入营养钵，然后将营养钵密排于下挖的育苗床上，钵间缝隙要用营养土封严，以防播种后跑墒的情况。

浇底水播种前在育苗床内浇足底水，浇水之后可以再覆层药土，防止土传病害的发生。

播种首先根据种子的大小、栽培要求、设施设备等选择合适的播种方式。无论采用点播、撒播、穴播、条播，都应该做到均匀播种。

覆土播种后应当及时用潮土（含水量约60%）覆盖，覆土厚度应根据种子的种类确定，一般小颗粒种子覆土厚度约0.5-1.0cm，大颗粒种子1.0-1.5cm。

覆盖覆土后应该立即用地膜或者草毡覆盖，以提高苗床温度，保持一定的湿度，促进幼芽出土。当幼苗出土以后，应当尽快移除覆盖物。

（三）苗期管理

蔬菜苗期管理是育苗工作的最后一环，对应培育壮苗具有重要意义。

温度管理幼苗对温度的反应最为敏感，温度过高容易形成徒长苗；温度过低，幼苗生长迟缓，容易形成弱苗和小老苗。常见蔬菜中，黄瓜：白天25-28℃，夜间18-20℃；番茄：白天20-23℃，夜间15-18℃；茄子：白天25-28℃，夜间13-20℃。

光照管理幼苗期要求光照强度大约在光饱和点的一半左右。冬、春季节育苗，设施内的光照一般比较弱，有时会有连阴天，这种情况下，应及时进行人工补光。

施肥管理穴盘育苗单株的营养面积小，基质量少，常出现营养不良的情况，可以采用喷施叶面肥或在基质中添加复合肥或者充分腐熟的厩肥。对于苗期较长的作物在育苗的后期需浇灌营养液来缩短苗期。

水分管理播种以后要浇透水，以穴盘底孔向外渗水为准。在幼苗的生长过程中视情况补充水分，但要注意出苗以后应当适量减少浇水，以防徒长。

防治病虫害春季蔬菜育苗主要有猝倒病、立枯病、灰霉病、沤根等病害，可通过种子消毒、苗床管理、植株调整等措施做好预防。一旦发病应及时喷施化学药剂，同时采取加强通风、降低湿度、及时松土、提高地温等措施减小危害或防止病害扩散。苗期虫害主要有小地老虎、蝼蛄、蜗牛、蛞蝓等。可通过铲除田边杂草、消灭越冬虫源等农事操作及诱杀成虫、药物防治等措施综合防治。

（四）炼苗

在春季蔬菜育苗中，定植之前采取放风、降温、适当控水等措施对幼苗强行锻炼，使幼苗定植后能够迅速适宜露地的不良环境条件，缩短缓苗时间，增强对低温、大风天气的抵抗能力。定植前2-3天，在无霜的情况下，撤走全部覆盖物，打开所有通风口，减少浇水量，在不萎蔫的情况下进行炼苗。

总之，春季蔬菜育苗是实现提早播种、延长生育期、集约管理、培育壮苗、增加复种指数、提高土地利用率的重要手段，有利于节省用种，充分利用异地资源优势，降低生产成本，实现蔬菜产业化。

第四节　蔬菜嫁接育苗技术要求

土传病虫害的发生是造成蔬菜连作障碍的主要原因，可以采取土壤消毒、轮作栽培、药剂灌根等方法来解决蔬菜连作障碍的发生。但是轮作栽培时间过长，土壤消毒和药剂灌根会造成农药残留多，投入成本高。采用蔬菜嫁接的方法，能减少病虫害发生，还能提高抗逆性，增加产量，改善品质，周期短、投资少、见效快的无公害优质高效栽培方法。

一、嫁接功效

（一）减轻土传病害发生

设施蔬菜栽培逐年上升，蔬菜重茬连作造成土壤环境不断恶化，导致土壤中病虫害的种类和数量逐年增多。利用砧木嫁接能减少土传病虫害的发病机会。利用黑籽南瓜来嫁接黄瓜和西瓜等可有效防治瓜类枯萎等病害的发生。

（二）提高水肥利用率，增强抗逆性

应选根系发达、吸肥水能力强的砧木品种。嫁接的蔬菜根系入土深，吸肥水能力强，从而能提高肥水的利用率。嫁接后的植株生长势强，结果期又较长，产量增加都很明显。

（三）品质的改善

只要选用合适的砧木品种，品质就会得到很好的改善。如嫁接后的黄瓜，果肉增厚，苦味瓜比例降低。嫁接的西瓜，瓜显著增大，而糖度却没有下降。

二、砧木的选用原则

不同砧木其抗病类型、抗病程度不同，可根据土传病害定砧木品种选择。砧木与接穗亲和力影响嫁接苗成活率。要根据栽培季节和栽培形式选用适应当地生产条件的砧木品种。

三、介绍几种蔬菜的嫁接方法

（一）茄子

在茄子主产区以土传性黄萎病危害重。为了防治土传病害发生，可以选择的茄子砧木品种有赤砧、CRP和托鲁巴姆等，常用赤茄和托鲁巴姆。赤茄抗病性中等，较耐低温，亲和力强，由于其植株长势旺，品质好，适合茄子嫁接栽培。托鲁巴姆高抗病害，或者对病害具有免疫力，能够适合各种栽培形式，嫁接成活率高，而且耐高温能力增强，其植株耐湿耐旱力也大幅提高，生产中广泛应用。接穗要选适合当地的主栽品种或当地推广品种。

嫁接方法：①劈接法：用托鲁巴姆作砧木品种，播种比接穗提前15天。砧木5片真叶，接穗4片真叶为嫁接适期。②斜劈接法：砧木与接穗削斜度一致的斜面，使用嫁接夹紧固斜面。操作简便，成活率高，茄子嫁接栽培最常用方法。

（二）番茄

番茄适合各种设施栽培，连作障碍使得土传性病害大量发生。选适宜砧木品种和适应当地主栽推广品种的接穗。

套管接：采用专用嫁接套管将砧木与接穗连接固定。砧木与接穗同期播种育苗，幼苗茎粗和幼苗大小一致。接穗与砧木3片真叶，株高5厘米为嫁接适期。砧木和接穗子叶上方0.6厘米处斜切30度角，套管将砧木与接穗插入套管中密合。此嫁接方法操作简单，效率高，育苗伤口愈合快，有效提高嫁接成活率。

（三）黄瓜

复种指数高，连作障碍增加，土传性病害加剧。黄瓜枯萎病，对黄瓜生产造成毁灭性危害，应选用黑籽南瓜做砧木，增强抗病性，选择适应各地和栽培品种做接穗。

嫁接方法：①插接法，用竹签插孔。砧木比接穗早播几天，砧木高6厘米，第1片真叶半展为嫁接适期。黄瓜子叶展开，真叶显露时嫁接。剔去砧木生长点，竹签向胚轴刺深0.7厘米。接穗插入砧木插孔相吻合。②壁接法，砧木与接穗品种同期播种育苗。嫁接适期时将削好的接穗插入砧木切口中，用嫁接夹固定。

四、嫁接后管理

（一）嫁接期管理

温度对嫁接苗成活至关重要。温度高，伤口愈合快。嫁接后幼苗白天保持27℃，夜间不低于20℃有利于伤口愈合。冬春季节，嫁接苗应置于育苗温室，加盖小拱棚，增温保湿。若夏季嫁接，用于秋季栽培，应设置遮光物品调控温度。

湿度：刚嫁接幼苗，其维管束没有连通，接穗接收不到水分易萎，嫁接后幼苗应保持较高湿度。边嫁接边喷水防嫁接苗萎蔫。夏季嫁接20株喷水置于小拱棚，多加几层遮阳网勤浇水。前3天饱和湿度，一周内保持较大湿度。一周后逐渐晾棚，约两周时间。

光照：冬春季节，嫁接后幼苗前3～5天应遮光。也可直接用黑色薄膜盖小拱棚，以后渐除遮光物。若夏季嫁接，要有较好遮阴。大棚盖遮阳网，小拱棚多加几层遮阳网，可遮光降温保湿。

在给嫁接幼苗喷水时加多菌灵防病，5～7天后，酌量施药。

（二）成活后管理

嫁接后砧木主茎去除，腋芽易萌生，与接穗争夺养分，影响成活和接穗生长。要尽早摘除砧木萌芽，保证接穗生长。

嫁接成活后，固定物会影响幼苗生长，要尽早去掉嫁接夹。

接口愈合好，生长快的大苗要放在温度、光照条件较差地方，而伤口愈合差，生长速度慢的小苗可以放在温度、光照较好地方分级管理，以使幼苗大小逐渐趋于一致，方便定植管理。

第五节　适宜北方地区的蔬菜育苗技术

一、选种及种子处理

（一）选种

选择适合当地自然条件的具有较强抗性的蔬菜良种，一般要求纯度达到 96% 以上，发芽率达到 85% 以上的包衣种子。

（二）种子处理

包衣种子是将种衣剂包覆在种子表面形成一层牢固种衣的种子处理方法，也是一项把防病、治虫、消毒、促生长融为一体的种子处理技术。种衣剂中通常含有杀虫剂、杀菌剂、生长调节剂、微肥和微生物等有效成分及一些非活性组分，没有包衣的种子要进行消毒。种子消毒方法：一是温汤浸种法，先用常温水浸种 15min，再转入 55 ~ 60℃热水中浸种，不断搅拌，并保持该水温 10 ~ 15min，然后让水温降至 30℃，继续浸种。温汤浸种时可结合药液浸种，杀菌效果较好。二是药剂拌种法，是将一定数量和规格的拌种药剂与种子按一定比例进行混合（0.3% ~ 0.4%），使被处理种子外面均匀覆盖一层药剂，形成药剂保护层的种子处理方法。

二、床土

（一）床土的要求

床土最好用 3 年未种过蔬菜的园土与优质腐熟有机肥混合，尽量不要用化肥。确保床土没有病菌及虫害，富含腐殖质和可供给态的营养元素，pH 值接近中性，结构良好，疏松适度，在干燥时土表不会板结的现象。

（二）育苗土消毒

药物消毒法常用药物有福尔马林、代森铵、五氯硝基苯、溴甲烷、多菌灵等。药物消毒法容易操作，消毒效果好，适合于大范围消毒处理。其主要缺点是对病菌的灭杀范围具有选择性，灭菌不彻底。此外有些药物对植物和人体具有毒害作用，易造成环境污染。

物理消毒法主要是高温消毒，如水蒸气消毒法、阳光消毒法等。物理消毒法灭菌范围广、灭菌彻底，安全性高，不污染环境，符合环保要求，在一些农业发达国家应用较广泛。蒸气消毒法需要专门的消毒设施，费用较高；阳光消毒法受天气的影响比较大。物理消毒法每次消毒处理的土量少，不适合大范围的消毒处理。

（三）苗床消毒

用 50% 多菌灵可湿性粉剂与 50% 福美双可湿性粉剂按 1∶1 的比例混合，用药量为 8～10 g/m²，并混合细土 15～30 kg/m²。播种时床土铺 6～10 cm 厚，浇透水，待水下渗后撒上种子，再覆盖 0.5～1 cm 厚的土，加盖塑料薄膜以保温保湿。

三、育苗时间

育苗时间根据移栽时间确定。春季 2 月初温室育苗，4 月初定植；秋季栽培一般在 5 月下旬至 6 月中旬露地育苗，7 月上中旬定植。春季温度较低，菜花、甘蓝苗龄 35～40 d 后移栽，芹菜、辣椒等苗龄达到 60 d 以上移栽。夏季育苗时间较春季缩短 5 d 左右。

四、育苗方法

（一）穴盘育苗

穴盘育苗是 20 世纪 80 年代从美国引进的育苗技术，目前该技术已成为许多国家专业化生产商品苗的主要方式。穴盘育苗是采用草炭、蛭石等轻基质无土材料做育苗基质，机械化精量播种，一穴一粒，一次性成苗的现代化育苗技术。其优点表现为省工、省力、节能、效率高、根坨不易散、缓苗快、成活率高、适合远距离运输和机械化移栽，有利于规范化科学管理。

（二）育苗器育苗

育苗器的型号较多，可根据生产需要选购。简易式穴盘育苗播种器具有结构紧凑、易操作、投入成本低、使用寿命长的特点，能达到较高的播种精度（95%～100%）和速度（200～400 盘/h），适合圆形的蔬菜、花卉种子。

（三）露地育苗

露地育苗是在露地设置苗床直接培育秧苗的育苗形式，在自然环境条件适宜于蔬菜种子萌发和幼苗生长的季节（春、秋两季）进行播种和秧苗管理，操作方法简便、苗龄较短、育苗成本低，适于大面积的蔬菜育苗。但这种育苗方式不能人为地控制或改变育苗过程中所处的环境条件，同时也易受自然灾害的影响。目前适宜于露地育苗的蔬菜种类主要是栽培面积较大、种子发芽或幼苗生长对环境条件的适应能力较强的白菜、甘蓝、芥菜、菠菜、芹菜、莴苣等叶类蔬菜，以及部分豆类和葱蒜类蔬菜。

（四）分株育苗

分株育苗法是先穴播种子发芽，待生长发育到一定阶段，再把苗间开单株移植，进行单株育苗，直到移栽为止。

（五）温室育苗

育苗温室作为秧苗繁育的重要场所，是一种人工为秧苗生长创造适宜环境的农业设施，具有充分采光、严密保温等特点。目前主要有日光温室和连栋温室，连栋温室自身具备较好的环境调控能力，能够实现对温度、光照、湿度等的调控，但存在建造成本高、能耗大等问题。日光温室具有保温性能好、能耗低、建造成本低等优点，但存在环境调控能力差等问题。我国北方地区的育苗温室以不加温的日光温室为主，冬季气温低、光照不足、湿度大、病虫害严重等制约了蔬菜育苗产业的健康发展。因此，需在环境调控能力、管理技术水平等方面加大技术投入，克服逆境环境的影响，尽可能创造适宜的温、光、肥、水、气环境，以达到培育壮苗的目的。

五、苗床管理

（一）温度的调节与管理

瓜类蔬菜幼苗生长的适宜温度为 20 ~ 25℃，床温为 15 ~ 20℃，床温在 15℃以下不利于菜苗生长；芹菜和甘蓝幼苗的适宜温度不超过 23℃，高于 25℃会造成烧苗。温度管理一般遵循"三高三低"的原则，即白天高，晚上低；晴天高，阴天低；出苗前、移苗后高，出苗后、移苗前和定植前低。

（二）湿度的调节与管理

播种前浇足水，播种后至出苗前一般不浇水；出苗后看情况而定，干燥时可在晴天午前浇小水，浇后随即提地温，次日覆细干土或草木灰降低湿度，以防低温高湿引起猝倒病；晴天浇水、阴天蹲苗；土温低时少浇水，必要时浇温水；午间秧苗萎蔫，表明床内湿度小，需要补水；浇水后适时覆土或草木灰，覆土就是向苗床上撒一层疏松过筛的床土或肥沃的土壤，是一种良好的保水措施。在育苗中适当浇水是必要的，但保水却比浇水更重要，正确的保水可解决浇水引起的土温下降的问题，并可防止幼苗徒长和苗期病害的发生。

（三）病害防治

用 50% 的多菌灵可湿性粉剂、福美双或土菌灵、砷锌福美双进行种子和土壤处理；发病时在病苗周围土壤上喷洒药剂，施药后湿度增加，可撒少量干土或草木灰，以降低床土湿度；大田苗病发病初期或已见死苗时用药剂进行土壤喷洒或灌根，能有效防止病情的进一步发展。

（四）定植前后的管理

割坨锻炼移植前子叶充分展开（25 ～ 30 d 缓苗生长期）或第一片真叶（最迟 2 片真叶）顶心时为移植时间，不易过晚。定植前 6 ～ 10 d 进行割坨锻炼，大田育苗割坨锻炼可抑制地上部生长，促进根系发育，使秧苗进入抗旱状态。

夜冷锻炼秧苗长到接近定植大小时，逐渐降低夜间温度，用放夜风的方法锻炼，使其进入抗寒状态。

露天锻炼定植前在夜冷锻炼的基础上，在确保没有霜冻的前提下，日夜全部解除覆盖物，使秧苗获得适应定植后的露地环境条件的能力。

定植后管理定植后遇干旱时，不能大水漫灌，只需小水浇一次即可。

六、苗期病害防治

（一）猝倒病

猝倒病又叫绵腐病、卡脖子、小脚瘟，大多数幼苗都可能被害，出土前染病可导致烂种、烂芽；出土后幼苗受害，茎基部出现水浸状暗绿病斑围绕幼茎扩展，病斑变褐并缢缩呈线状后病苗折倒，有时子叶不萎蔫便倒伏地面。湿度大时成片猝倒，高温高湿时病苗表面及附近长出白色絮状菌丝。苗期喷 0.2% 磷酸二氢钾可提高植株抗病能力；幼苗发病后可用 64% 杀毒矾可湿性粉剂 500 倍或 75% 百菌清 1 000 倍液进行防治，每隔 5 天喷 1 次，连喷 2 次；也可用甲基立枯磷灌根或播前用砷锌福美双进行土壤处理。

（二）立枯病

立枯病又叫死苗，在幼苗出土后易受害。病初在茎基部产生椭圆形褐色凹陷病斑，白天叶片萎蔫，晚间恢复，病斑扩大绕茎一周时幼苗开始干枯，但立而不倒，湿度较大时病变部产生褐色菌丝。病菌从伤口或表皮直接侵入幼茎、根部而发病，此外也可通过雨水、农具及带菌的堆肥传播为害。喷施 0.2% 磷酸二氢钾液可提高植株抗病能力；发病初期喷淋 20% 甲基立枯磷乳油 1 200 倍液，或井冈霉素水剂 1 500 倍液，或浓度为 1：400 的铜氨合剂进行防治，每隔 5 天喷一次，连喷 2 次。苗床喷药后撒一层草木灰以降低湿度。

（三）沤根

沤根是苗期常见病害，主要由于土壤湿度大、土温低、幼苗根系呼吸作用弱、吸水力低、幼苗发育受阻、根部不发新根所致。一般苗期遇到寒流或阴雨天日照不足时，幼苗生长不良，易受病菌侵染，尤其多年重茬的保护地因病菌积累较多，导致成苗期发病严重。苗床低温、高湿和光照不足，是引起沤根的重要原因。防治沤根的主要方法就是改善栽培环境，及时中耕，保持空气的通透性，尽量提高地温促进根系生长。

（四）苗期病害综合防治方法

一是轮作倒茬，可以使养分被均衡利用，切断病虫食物链和世代交替，使病虫难以生存繁衍。二是选择适合当地自然条件，具有较强抗性的蔬菜良种。三是加强苗期管理，高温时及时放风，降低温湿度，预防病害发生，低温时尽量提高地温，小水浇灌有利于扎根。四是药剂防治，主要采用药剂拌种、土壤处理、苗期灌根等方法。

第六节　高山蔬菜集约化育苗技术

集约化育苗已经成为高山蔬菜种植中的重要育苗方案，但是在育苗过程中，种植人员仍需结合所在地区实际情况，以及高山蔬菜的特点，科学制定育苗方案。因此，对高山蔬菜的育苗方式展开分析，同时在高山蔬菜节育环育苗技术的分析中，提出漂浮育苗的实践方案，借此优化高山蔬菜的育苗方案，为高山蔬菜优质高产目标的实现创造条件。

为提升土地资源的利用率，部分农户会在海拔较高的地区种植蔬菜，这类蔬菜通常被称为高山蔬菜。高山蔬菜种植中的基础性工作为育苗，其育苗效果直接关系着蔬菜的整体质量。但是由于高山区域气候、土壤、温度的特殊性，所以需要种植人员应用集约化育苗技术，培育抗病能力、存活能力较强的蔬菜壮苗，以此满足高山蔬菜的种植要求。

一、高山蔬菜的育苗方式

现阶段，高山蔬菜在高效、优质生产中，其育苗方式通常采用穴盘育苗、蔬菜嫁接育苗、"漂浮式育苗技术"等集约化育苗技术。在高山蔬菜的集约化育苗技术中，应用较为广泛的是漂浮育苗技术，漂浮育苗技术是融合水耕栽培、器皿栽培、营养土育苗等多种先进的育苗技术，并将"多孔聚乙烯泡沫"作为育苗盘的育苗方式。"漂浮式育苗"在高山蔬菜种植中的应用，可有效缩短蔬菜苗龄，控制蔬菜苗的移栽期限，减少蔬菜苗病害感染率，实现高山蔬菜的优质生产。除此之外，高山蔬菜种植期间所采用的漂浮育苗技术，来源于法国、美国等发达国家，是在传统育苗方案的基础上，进一步优化蔬菜生产管理、运输移栽等环节的育苗技术。目前，高山蔬菜在大面积、大规模种植中，已经将漂浮育苗作为蔬菜育苗的主要技术方案，是高山蔬菜集约化育苗技术体系的核心内容。

二、高山蔬菜育苗中的准备工作

高山蔬菜正式育苗前期，还应提前做好准备工作。首先，科学选地。育苗时，应选择四周开阔、向阳且背风、地块平整、水源取用方便的地方建造育苗场地。同时确保育苗场地周边交通便利、可通电、空气优良，符合农产品培育中的环境要求。其次，建造育苗棚。高山蔬菜在应用漂浮育苗方法时，通常需要以塑料钢管为主材料，建造长、宽、高分别为30 m、8 m、1.5 m 的塑料棚，且育苗棚顶部提前安装"无水滴膜"，两侧设置卷膜、防虫网。各育苗棚间距不小于1 m，以免影响育苗时的光照条件。最后，建造漂浮池。漂浮育苗技术中，漂浮池是指摆放漂浮盘的营养液池，设计尺寸与蔬菜育苗数量、种植面积、大棚尺寸息息相关，但漂浮池长度应小于 6 m。空心砖是漂浮池的主要材料，种植人员可利用空心砖堆砌深度为 20 cm、梗宽为 15 cm 的漂浮池。

三、高山蔬菜集约化育苗技术分析

（一）制备营养液

高山蔬菜集约化育苗技术中，若采用漂浮育苗方案，则需在育苗前制备营养液，为蔬菜提供养分，帮助幼苗健康发育。首先，营养液水源的酸碱度应保持在 6.5 ~ 7 左右，电导率应小于 1 200 μS/cm。其次，营养液可由通用微量元素浓缩母液配制，之后种植人员需要在分别存放微量元素母液后，按照不同蔬菜在育苗期间的营养需求配制营养液。最后，在漂浮池内灌注清水，水深为 12 ~ 15 cm，灌注结束后查看池底有无漏水情况，便于育苗人员及时更换底膜。若无漏水情况，则可倒入营养液母液，搅拌均匀，并放置漂浮盘。

（二）消毒处理漂浮盘

播种前，育苗人员需对漂浮盘、育苗区域内进行消毒工作。比如在培育大白菜苗时，可选择 108、72 孔的泡沫穴盘，在将穴盘放置在指定位置后，使用浓度为 80% 的多菌灵可湿性粉剂、浓度为 0.5% 的硫酸铜溶液消毒处理漂浮盘。同时在育苗前、育苗后，使用高锰酸钾、甲醛等消毒剂消毒漂浮池，消毒完毕后用清水清洗即可。

（三）播种

种子消毒。用纱布装好蔬菜种子，并将其放置在常温清水中，浸泡 15 min 后取出。随后待种子沥干水分后，放置在温度为 55℃的水中，同样浸泡 15 min，浸泡过程中，需保持水温不变。之后可将其转移到 30℃温水中持续浸泡，并将种子表层黏液清洗干净。

另外，对于部分直接使用营养土育苗的高山蔬菜，其在种子消毒后，还应通过"浸种催芽"的方式，为育苗工作打好基础。通常情况，对于豆类蔬菜，其浸种催芽时间约为 1 ~ 2 h，白菜、莴笋、番茄、黄瓜、萝卜等蔬菜，其浸种催芽时间约为 8 ~ 12 h。浸种时的水温为 30℃，并且需要早晚清洗两次蔬菜种子，待种子破嘴露白后方可直接播种。在此期间，白菜、黄瓜类蔬菜的催芽时间一般在 12 h 左右，番茄催芽时间约为 55 h，育苗人员需要根据蔬菜的不同种类，确定其催芽、播种时间。

播种。将有珍珠岩、草炭等材料制作的基质放置在漂浮盘内，用于支撑并固定苗木，然后在基质充实漂浮盘底的孔隙后，调整漂浮池内的温度，待水温、气温超过 5℃后，用打孔器打孔，在漂浮盘底部打出 5 mm 左右的播种穴。随后采用人工播种、播种机播种的方式，每穴放入 1 ~ 2 粒蔬菜种子，播种完毕后，将基质覆盖在种子上，并将漂浮盘不留缝隙的摆放，使漂浮盘自主吸水，为蔬菜种子提供水分与养分。

（四）苗期管理

苗期管理是高山蔬菜育苗的核心环节，需要专业人员完成该项工作，具体方式如下：首先，调整育苗棚内温度。育苗期间，棚内温度应保持在 15 ~ 22℃，夜间温度不得小于 8℃，夏季气温较高时，应注意棚内通风，最高温度约为 27 ~ 28℃。若天气过于炎热，棚内温度变高，可使用遮阳网降温。其次，幼苗出齐后，育苗人员应加强"通风炼苗"工作，合理控制育苗棚内湿度，培育健壮的蔬菜秧苗。随后在秧苗生长发育后，注意棚内的保温保湿，并将增氧机、循环泵放置在漂浮池内，为蔬菜苗提供充足的氧气。最后，若穴盘中秧苗数量过多，可在幼苗长出子叶后将纤弱的秧苗去掉，保留较为健康、壮硕的。除此之外，间苗结束后，蔬菜苗在生长发育后，各个植株会出现拥挤的情况。对此，育苗人员需要通过分苗假植的方式，帮助蔬菜苗正常发育。在此期间，分苗的主要作用是为增加蔬菜秧苗次生根数量，保障其根系健康成长。但是不同高山蔬菜，其分苗时间会有着较大差异。比如茄子分苗时间通常在播种后的 15 ~ 20 天，西红柿分苗在播种后 12 ~ 15 天，大白菜、甘蓝等蔬菜需要在播种后 15 天左右分苗，分苗时的行间距分别为 8 cm×8 cm、6 cm×6 cm。除此之外，秧苗生长发育过程中，为使秧苗健康生长，育苗人员还应在育苗期对蔬菜秧苗进行肥水管理，使其根系、枝叶苗壮成长。比如高温天气，可用浓度较低的营养母液，蔬菜秧苗子叶微展期，需要给育苗棚适当降温，避免出现"高脚苗"。

（五）病虫害防治

高山蔬菜集约化育苗技术中，病虫害防治尤为重要，并且由于高山地区雨水较多，容易诱发病虫害。因此，在育苗过程中，育苗人员需提前做好病虫害防治工作，同时根据蔬菜种类及其常见的病虫害，制定对应的病虫害防治措施。结合以往的高山蔬菜种植工作可知，灰霉病、立枯病是高山蔬菜育苗中较为常见的病害，烟青虫、蚜虫、地老虎、红蜘蛛是蔬菜育苗中的常见病害。

育苗人员应采用"物理防治＋生物防治"的综合防治方法，比如育苗人员可降低棚内湿度防病，使用黄板诱蚜、食螨瓢虫预防害虫，科学使用多菌灵、托布津等药物，提前防范蔬菜苗期的病虫害，增强蔬菜秧苗的抗病能力，使其成长为符合高山蔬菜种植要求的壮苗，降低高山蔬菜在种植过程中的发病率。另外，在应用漂浮育苗技术时，育苗人员还需借助紫外线消毒灯这类消毒设备，防治漂浮池内的藻类病害，以此满足高山蔬菜集约化育苗的基本要求，为高山蔬菜年产量的增加提供保障，助力高山蔬菜产业的可持续发展。

综上所述，蔬菜在市场中有着不可忽视的经济价值，是国民生活所需的农产品。但对于海拔较高区域所种植的高山蔬菜，其在种植过程中对蔬菜育苗、苗期管理有着较多要求。对此，相关人员需灵活运用集约式育苗技术，结合地区的实际情况，选择蔬菜苗成活率较高的育苗方法，从而确保高山蔬菜的优质生产，提升高山蔬菜周年均衡供应的能力和安全质量。

第七节　大棚蔬菜育苗技术

近年来，设施农业发展迅速，培育壮苗是高效、高产的基础。培育并应用适龄的壮苗，可以实现蔬菜的早熟丰产，提高其抗病虫能力和抗逆性，自然也会得到一定的经济效益。作为可获得高产、优质的基础，大棚蔬菜壮苗的主要特征一般表现为：生长势强、节间短、茎粗，叶色好、叶片较大而厚、花芽分化良好、根粗壮且须根多、无病虫害等。蔬菜壮苗的培育过程中，大棚的环境条件以及具体操作的技术环节是至关重要的。

一、对环境条件的要求

（一）温度

晴天光照强时，在一定范围内，随着温度的升高，光合作用的强度相应加大，秧苗制造的养分就多；阴天光照弱，光合产物少，温度必须控制在比晴天低 5 ~ 7℃，夜间无光，光合作用停止，秧苗进入以呼吸为主的生长活动过程，一定的夜温有利于光合产物的运转，过高呼吸消耗多，且秧苗容易徒长；过低会阻碍秧苗的正常生命活动。不同种类的蔬菜苗期要求的温度不同。地温的高低直接影响到秧苗的出土、根系的生长发育、根对水分和无机盐的吸收，以及土壤养分的转化，适宜的地温是培育壮苗必不可少的条件。苗期保证一定的昼夜温差，对培育壮苗也是十分重要的，大温差有利于光合产物的积累，有利于花芽分化。对于一般菜苗来说。昼夜温差 10℃左右就可以了，但黄瓜大温差育苗时，昼夜温差可大到 20 ~ 25℃。

（二）光照

光照强，温度高，有利于培育壮苗。其次是影响光合作用的强度，一般来说，光照强，秧苗制造的养分多。光照时间的长短首先决定了进入苗床光量的多少。温室冬春育苗时，要适时揭放草苫，特别是遇到阴天时，只要温度允许，也要揭开草苫见光。光照时间的长短还影响到花芽分化的质量。譬如，瓜类的秧苗在较短的日照下，往往形成雌花的节位低，数量也多。

（三）水分

床上水分过少，根部吸水不能满足秧苗地上部分蒸腾作用和其他生理活动的需要时，苗子会打蔫，长时间缺水就会使秧苗的光合作用急剧下降，苗子趋向衰老和僵化，甚至凋萎死亡。苗床土壤水分过多时，若配合较高的苗床温度和偏弱的光照，秧苗极易徒长；若配合苗床低温和弱光照，则易发生苗期病害，或直接导致沤根，秧苗生长发育不良。所以，在进行苗床水分管理时，既不能使其湿度太大，也不能使其干旱缺水。秧苗通过叶片和茎向空气中散发水分，是促进根系从土壤中吸收水分和无机盐的动力。空气湿度的大小，直接影响秧苗的蒸腾作用。苗床空气湿度小时，秧苗蒸腾作用旺盛，根的吸收就快；湿度大时，蒸腾小，根的吸收就会减慢，甚至停止。

二、对技术环节的要求

苗床与培养土的准备。苗床地要选择避风向阳、地势高燥、排水良好，3 年内没有种过同科蔬菜作物的地块。苗床要做成深沟高畦，一般畦沟深 20 ～ 30 厘米，连沟畦宽 1.4 ～ 1.5 米，畦面宽 1.1 ～ 1.2 米。育苗培养土应具有疏松、氮磷钾三要素，这三种要素配置合理能保水保肥、无病虫害及无杂草种子。

（一）种子处理

精选种子和晒种。要挑选饱满、无破碎、发芽率高、无病虫害的种子，于播种前在太阳光暴晒 1 ～ 2 天，以杀死种子表面的部分病菌，并能提高种子的发芽势。因蔬菜种子表面或内部常带有病菌，并会传给幼苗或成株，所以要进行种子消毒。目前常用的蔬菜种子消毒方法：热水烫种消毒法、药液浸种消毒法、药粉拌种消毒以及干热处理消毒法。

（二）浸种催芽

在浸种结束后，要用清水冲洗种子，将种子表面黏附的杂质洗净，放入恒温箱中催芽，或用电灯泡、电热床垫、人体温等方法加温催芽，温度保持在 25 ～ 30℃左右。用人体温催芽的方法，是把浸种洗净后的种子用温纱布包好，再包一层塑料薄膜，放在人本内衣口袋中催芽。在种子催芽过程中，每天要翻动种子和用温水冲洗 2 ～ 3 次，使种子充分得到氧气和均匀受热并满足其对水分的需要。当种子充分得到氧气露白时，及时播种。

（三）播种

把已催芽的种子播于已准备好的苗床或育秧盘中，播种方式有撒播与点播。瓜类育苗，可用点播方式。在播种前要浇足苗床底水，稀播。如甜（辣）椒苗（1 亩大约等于 667 平方米，不同）用种量约 40 ～ 50 克，需播种床面积 5 ～ 7 平方米，播后覆盖营养土 0.4 ～ 1.0 厘米左右，并覆盖草和地膜。

（四）苗期管理

苗期管理就是根据蔬菜壮苗培育对于环境条件的要求，对大棚的温度和肥水量的多少进行适当的调节，同时注意病虫害的防治即可。

大棚蔬菜壮苗的培育对于温度、光照以及水分的要求很严格，技术方面从苗床、土壤的准备，种子的处理，浸种催芽到播种以及分苗，其操作过程比较复杂，需要特别注意细节问题。要实现大棚蔬菜壮苗培育技术的全面推广和应用，我们必须做到用心，在了解培育技术的要点的基础上多加实践，在实践的同时去熟练要点。如此以往，才可以实现蔬菜的高产能及经济利益的大幅提高。

第四章 无公害蔬菜栽培技术

第一节 无公害蔬菜栽培技术要点

伴随社会经济的不断发展，人们开始追求高质量的物质生活，同时对蔬菜产品的健康安全性能提出了更高的要求。由于现代的蔬菜产品中存有农药化肥的残留物质，对人们的身体健康造成了一定影响，人们意识到蔬菜产品的质量问题，并且开始倾向于无公害的蔬菜产品。因此，本节主要对无公害的蔬菜栽培技术进行分析。

伴随物质生活质量的提升，人们对于自我生活品质具有高标准的需求，开始注重饮食健康，也正朝着健康化的生活方向进行发展。无公害蔬菜的大量栽培已经成为现代的发展趋势，利用科学合理的种植方式栽培出无公害的蔬菜产品，有效提升蔬菜产品的产量，为蔬菜种植者带来一定的经济效益，确保消费者可以使用健康安全的蔬菜品。

一、分析栽培优质无公害蔬菜的技术要点

（一）蔬菜种植地点的选取

种植人员在栽培无公害蔬菜时，首先，挑选种植地点，必须要远离污染源，选择绿色环保的生态环境。在选择蔬菜种植基地时，需要确保基地周围没有任何污染源，例如，大型的重工业和养殖业等。在蔬菜种植基地确定之前，需要对当地的土壤成分、空气含量、水源物质等进行化学检测，将其中的细菌物质进行统计，确保没有重金属等超标物质，继而保证蔬菜生产基地环境的绿色化。与此同时，需要对蔬菜的栽培土壤进行选择，需要选取营养物质含量较高的、对病虫有较强抵抗力的土壤，需要对土壤进行几年的常规生态系统试栽，在确定其没有任何污染之后，再正式投入生产和使用。

（二）精细整地

种植人员在平整土地的过程中，需要采取精细化的处理方式，先采取浅耕的方式，将土地中的根茬进行消灭，然后进行深翻，将土地整平，通过对土地进行精细化的处理，可以最大程度保障蔬菜的质量，减少蔬菜发生病虫害的概率，需要对土壤中的虫卵和病原体等进行彻底地清除，降低病虫害的发生概率，除此之外，需要对土壤中的固体废料进行清理。

（三）选取优良的蔬菜品种进行育苗

种植人员需要根据土壤成分以及地质环境的不同，选取不同的蔬菜种子进行育苗。通常需要选取抗病虫能力较强、具有抗旱抗寒能力、能够高产的蔬菜品种进行育苗，通过对蔬菜种子进行优化处理，选取优良的种植品种，再对蔬菜种子进行精心选择和处理后进行播种。在蔬菜的育苗过程中，适当使用药物可以使菜苗健康快速地成长。

（四）肥料的使用

想要栽培无公害的蔬菜产品，需要寻找合适的肥料，需要严格掌控肥料的使用状况，采取因地制宜的种植方法，根据土壤的性质，选择相应的肥料，同时，需要严格掌控土壤的养分平衡，不可以过度施肥，但需要保障土壤养分的充足。无公害蔬菜产品主要使用有机肥料，在检测出土壤的含量后，需要了解土壤中匮乏的营养成分，然后选取合适的化肥原料。在使用农家肥和人畜粪便时，需要进行发酵处理，确定其无害后，再正式投入使用。在使用肥料的过程中，禁止使用增加蔬菜硝酸盐污染的硝态氮肥。在蔬菜的灌溉方面，需要寻找污染物较少的清洁水源，使用喷灌或滴灌的方式，尽量减少水资源的浪费。与此同时，需要对土地进行定时定量地灌溉，尽量减少使用农药的次数，保证蔬菜健康无污染。

（五）加强田间的管理

种植人员在栽培无公害蔬菜的过程中，需要考虑到种植环境的生态健康问题，通过利用光热条件，确保蔬菜的种植区域不会频繁遭受病虫的危害，保证蔬菜可以健康生长。利用大棚种植方式培育无公害蔬菜时，需要严格掌控大棚内的温度和湿度，对大棚内的阳光照射量进行合理控制，采取定时的通风处理。在无公害蔬菜生长期间，对其进行科学合理的灌溉，由于夏季温度较高、时常下雨，需要提前做好排水工作，冬季温度较低，需要保证大棚内的温度，注意大棚内的保温设施，保证蔬菜健康生长。

（六）蔬菜种植的农业防治方法

在选取蔬菜种子时，需要尽量选择病虫抵抗能力较强的蔬菜品种，在正式种植蔬菜的过程中，种植人员需要利用科学的栽培方式，有效利用土地资源，通过对土壤成分进行定时的化学检测，保证土壤中没有污染物质，确保蔬菜的安全性。在正式播种之前，需要利用药物浸泡的方式，对种子进行消毒处理，确保蔬菜种子内不含有任何有害物质。在蔬菜植物生长过程中，需要定期喷洒农药，消灭病虫危害，对于土壤中的杂草进行及时的清理，防止其抢夺蔬菜的营养成分。

在种植无公害蔬菜的过程中，需要采取相关的病虫害防治措施，通过增强病虫害的预报信息，通过综合运用生态防治、生物防治以及物理防治等措施，对病虫害进行合理地防治。在采取化学防治的过程中，需要对农药进行科学合理的使用，遵循适量原则，选取高效、低污染的绿色农药。

（七）科学使用农药

种植人员在使用农药时，通常会选取毒性成分含量较低，对周围环境污染较小、杀虫效率较高的绿色农药，保证蔬菜的表面不会存有太多的农药残留。在施药的过程中，需要按照相关的农药使用说明，科学合理地进行调配使用，并对其化学成分进行实时地检测。在化学农药的选取方面，需要优先选择生物农药，对于农药的喷洒，需要利用科学的喷洒方式，按照相关的安全标准进行使用。定期喷洒农药，需要对农药的使用频率进行控制，防止过度使用农药，致使蔬菜表面存有大量的农药物质，继而对人体的健康造成危害。

总而言之，通过对栽培技术的要点进行分析，例如，科学使用化肥农药、选取合适的终止地址、选取优良的蔬菜种子等，可以有效提升无公害蔬菜的种植产量。

第二节　反季节无公害蔬菜栽培技术

由于人们生活水平的提升，人们对新鲜蔬菜质量的要求不断提高，反季节无公害的蔬菜的出现，满足了人们对食品健康安全、食品安全的需要，为此，应该大力推广栽培反季节无公害蔬菜技术。

一、选种及处理

蔬菜的不同品种对病虫害的抗性有很大的区别，因此在栽培反季节无公害蔬菜中，要对蔬菜的良种选择加以重视，最好选用优质、高产、抗逆性强及抗耐病虫害的良种。不仅在很大程度上能减少病虫害的发生概率，甚至能够避免病虫害的发生，进而使蔬菜健康成长，减少农药的使用，也有利于降低种植的成本。在种植蔬菜前，还要对种子进行杀菌、灭虫等处理，来预防病虫害的发生。一般种子的处理方法主要由三种形式：一是进行晒种，另两种形式是温汤浸泡和药液浸泡。

二、选地与整地

反季节无公害蔬菜的栽培对环境是有很高要求的，选择适合的场地是反季节无公害蔬菜栽培最基础、最重要的条件。无公害蔬菜种植的区域应该是没有受污染的，并且要与污染区的距离很大，也就是要远离人口聚居地、三废工业区及交通干线等，避免使种植环境受到污染，影响无公害蔬菜的成长。若选择的场地曾经种植过其他农作物，则需要对其进行至少3年的无公害蔬菜转型试栽，直到符合反季节无公害蔬菜栽培的标准和要求后，才能选定为无公害蔬菜的种植基地。而且无公害土地与常规土地之间要进行分隔。同时，在选择无公害蔬菜种植基地时，还要对水源进行充分的考虑，最好选择靠近水的地段，这样才便于灌溉，利于无公害蔬菜的生长。为了使无公害蔬菜健康的成长，在蔬菜种植前还要进行整地，例如，翻耕。翻耕的深度要尽量达到深耕的效果。另外，还要对废枝叶、根茬等进行清理。

三、合理灌溉

对蔬菜进行灌溉，不仅要对蔬菜的品种进行分析，还要充分考虑当地的天气及土壤的湿度。如果灌溉水过多会使其积水，如果灌溉水过少，会导致土壤水分不足。因此，进行合理的灌溉是十分必要的。一般可以使用滴灌或者微灌技术进行灌溉，使其灌溉相对更合理。也就是把水和肥料直接输送到蔬菜的根部或者土壤的表层，这样不仅有利于节约水资源，而且还有利于增加肥效。

四、平衡施肥

进行平衡施肥对无公害蔬菜的栽培具有重要的作用，有利于提升蔬菜种植土壤的质量，促进蔬菜健康生长。因此，要对蔬菜的平衡施肥加以重视。首先，要对蔬菜增施有机肥，例如，稀粪水、生物肥料等。其次，进行测土配方施肥，要对菜地的土壤及蔬菜的品种进行分析，对氮肥、钾肥、磷肥等合理配合使用。第三，可以将化学肥料和生物肥料进行有机结合，混合施肥，在一定程度上可以弥补生物肥料中含氮量不足。最后，根据苗补进行微量元素肥料的施肥，不仅有利于提高生物化肥的养分补充，对增强生物化肥调控能力也具有重要的意义。

五、以农业防治为基础，搞好无公害蔬菜栽培技术

（一）合理轮作

科学规划栽培通常情况下，都会采用轮作的方式进行蔬菜种植，不仅能够在一定程度上减轻初始菌源、减少虫量，还有利于改善蔬菜的生态环境，达到控害的目的。例如，辣椒与甘蓝、萝卜与甘蓝等进行互相轮作的方式。但在轮作过程中，要注意不能在同一地段一直种植同一蔬菜。

（二）培育壮苗

培育壮苗的方式有多种，一般经常采用的形式有两种。一种是使用小拱棚育苗，另一种是采用营养钵育苗。同时，还要通过高温促根及早炼苗，这样不仅有利于防止徒长，而且对蔬菜立枯病和猝倒病的预防或减轻具有重要的作用，进而使幼苗快速成长，提高幼苗的抗病力，达到培养壮苗的目的。

（三）深沟高厢

在种植蔬菜的很多地段，有很大一部分菜地都处于两山之间的平坝，相对来说地下水位很高，挖掘不到一米就能见到水，使其湿度不断增大，最终造成排水不良等问题。因此，在无公害栽培过程中，要进行开深沟、作高箱，防止积水，使其地下水位能够降低，进而促进植株健壮生长，提高其抗病虫能力。

六、病虫害综合防治

（一）农业防治

农业防治是利用和改进耕作栽培技术，调节病原物、害虫与寄主以及环境之间的关系，创造有利于作物生长、不利于病虫害发生的环境条件。

控制病虫害的发生和发展的方法，主要有以下措施：选育和利用抗病、抗虫品种，使用无病种苗，改变耕作制度，改进栽培方法，施用生物菌有机肥，加强栽培管理和保持田园卫生等。

（二）物理防治

物理防治是指通过利用物理方法清除、抑制或杀死病原菌和害虫来控制病虫害发生的方法。主要有热处理、诱杀、阻隔、低温处理等。

（三）生物防治

生物防治就是利用生物有机体或者它的代谢产物来控制病原菌和害虫，使其不能造成损失的方法。防治害虫的生物防治方法主要有：利用天敌防治、利用病原微生物防治、利用其他有益动物防治、利用昆虫激素防治以及利用害虫的不育性防治等。在防治病害方面，生物防治的措施较少，主要是利用有益生物及其代谢产物杀灭、抑制病原物的发生和发展。

（四）生态防治

利用改变大棚内的温湿度，使之有利于作物的生长发育，不利于病虫害的生长繁育。例如白天番茄棚温提高至 28 ~ 33℃，黄瓜棚温提高至 28 ~ 35℃，茄子棚温提高至 30 ~ 34℃，清晨、夜晚要加强通气，降低棚内湿度，可有效预防霜霉病、灰霉病、白粉病、疫病和细菌性斑点病的发生。

（五）化学防治

利用化学药剂控制植物病虫害发生发展的方法，也称为农药防治。主要是利用化学药剂的活性杀灭或减少病原菌和害虫，或驱避害虫。但使用不当会杀伤有益生物，导致病原物和害虫产生抗药性，造成环境污染，引起人、畜中毒等不良现象发生。

使用化学农药时，应考虑最大限度地降低对环境的不良影响，注意选用对病虫害高效、低毒、对人、畜及周围环境无害、不损伤生物天敌的无污染、无公害药剂。

第三节　反季节无公害蔬菜栽培技术推广

随着城市的发展，为了满足城镇居民对蔬菜的需求，稳定城市中蔬菜市场的供需平衡。以政府引导扶持为主，农户自己自主发展为辅，开始大力地发展反季节蔬菜。现在人民生活水平的日益提高，更加的趋向于健康、无公害的食物。因此发展无公害蔬菜便成了蔬菜以后一般的发展方向和目标，并且无公害蔬菜以其无公害对人们的生活质量起着改善作用。20 世纪以来随着消费市场的需求，反季节无公害蔬菜应运而生，迎合了人们对食品安全以及健康饮食的需求。本节结合作者的实践经验，就反季节无公害蔬菜技术在现实生产中的推广和应用进行简要探究。

一、种植无公害蔬菜栽培的意义

随着社会的发展，中国人口的激增，还有国际贸易的需求以及消费水平的进一步提高，人们的保健意识也逐渐加强，因而蔬菜生产已经从原来的产量型转变为质量型，而无公害蔬菜生产也成了蔬菜生产中的主导产业和农民增收的主要来源。所谓的无公害蔬菜是指蔬菜中的农药残留、重金属等等有害物质的含量控制在国家规定的范围内，从而保证人们在食用后不对身体造成负面影响。种植无公害蔬菜栽培的优势很明显，一个是它可以种植反季节的蔬菜如此便能够增加人们选择蔬菜的余地，进一步提高人们的生活水平和生活质量，再一个是种植无公害蔬菜相对来说操作比较规范，对蔬菜的种植也在掌控之中，这样种植出来的蔬菜质量能够得到保证，而且销量相对来说也比较好。在这个对食品质量要求逐渐增高的年代，无公害蔬菜的种植就是利用科技来满足人们的需求，因此种植无公害蔬菜于国于民都甚是有利。

二、农户种植蔬菜收入情况

我们知道虽然种植无公害蔬菜拥有诸多优点，但是不少农户还是会有不少方面的担忧，其中一方面就是对于成本利润的思考。种植反季节无公害蔬菜与普通种植不同，它主要体现在对种植地的要求较高，而且种植成本相对来说也比普通种植要高一些。但是反季节无公害蔬菜虽然是新生产业，它的前途却是无可限量的，而且现在政府也相对重视农业产品的发展，可以说反季节无公害蔬菜虽然技术还不算成熟，但是绝对是值得投资的产业。反季节无公害蔬菜与常规蔬菜因为投入结构和销售价格的差异，在经济效益上也有所不同。我们举一个例子，在无公害种植方式下，毛豆、黄瓜还有西红柿等产品亩净收入相对来说比常规种植要高，而主要差别就是反季节蔬菜相对来说比较热销，而且物以稀为贵，反季节蔬菜的销售价格也相对来说高一些，如无公害毛豆比常规每斤要高 0.08 元，而黄瓜要高达 0.11，元，西红柿也有 0.09 元，这样的话，就能够很好的提高收益，减少因投入成本较高的损失。所以，虽然无公害蔬菜在种植成本上高于常规，但是较高的销售价格和产量却能使无公害蔬菜的经济效益高于常规蔬菜。有数据显示，就成本收益率来说，无公害的大棚黄瓜是 59.3%，高于常规种植的 57.4%，而无公害的露天毛豆的成本收益率是 34.9%，也同样高于常规种植的 15.7%。虽然说并不是每一样产品的无公害种植都高于常规种植，但是我们还是可以发现技术在发展，无公害的大棚种植产业必将蓬勃发展。在农业污染日趋严重的现在，无公害蔬菜的种植必然成为一种趋势，因此对菜农来说，种植无公害蔬菜显然是一种较好的获得经济效益的方式。

三、反季节无公害蔬菜技术及推广

（一）选择好反季节无公害蔬菜适宜种植的区域

这种蔬菜生产种植技术适合推广的区域，主要是集中在西部较高海拔地区，海拔高度大概在 1000 ~ 1500m 之间。在这些地方，海拔高，土质比较疏松，土壤的肥力在中等线或者中等线往上，在这些区域内农业生产的自然生态环境比平常地区的好，空气清新，水源干净清洁，土壤肥力好，人们的环保意识比较强，环境污染少。这样，这项生产栽培技术在边远地区推广不仅能够选择到一个适合推广反季节无公害蔬菜的地方也能够推动偏远山区的广大农民致富增收，一起奔小康。在海拔高的地区的小气候，与海拔比较低的地区的如河坝平谷地区的气候相比较，就明显的具有冬暖夏凉的气候变化特点。在河坝平谷地区，蔬菜是冬天育苗，春天管理，夏天收获。而反季节蔬菜是春天孕育，夏天管理，秋天收获。这样的做法主要是为了推迟蔬菜的播种和栽培时间，在八月到十一月这个市场蔬菜供应的空白期，实现了蔬菜的晚上市，多收益。

（二）反季节无公害蔬菜栽培实践时的配套实施技术

农业防治的手段，做好无公害蔬菜的病虫害控制和栽培。我们经常使用的是合理轮作、培育壮苗、深沟高厢、平衡施肥四种方法。在采用合理轮作时，我们主要是采用玉米和蔬菜的相互轮作，辣椒和萝卜、辣椒和甘蓝相互轮作的方法进行种植。这样能够改善蔬菜的生产环境，减轻蔬菜上的初始菌源和害虫量。达到控制病虫害的目的。在培育壮苗的时候，我们普遍性采用小拱棚培育幼苗和营养钵培育幼苗，进行高温促根及早炼苗，预防徒长，减轻蔬菜立枯病和猝倒病等病害的危害。使幼苗成长健壮，增强幼苗的抗病力。

物理防治的手段。在选择蔬菜种子进行播种的时候，我们要进行精挑细选，选择那些健康的种子。选择好种子以后，将种子进行温汤浸泡来进行杀菌消毒；在栽培中，我们可以按照每五十亩安装一盏杀虫灯或者每亩地放置二十五张黏虫子的板子；使用农用的降膜对蔬菜进行全覆盖式的增温、补光、保温、除草、防冻、抑制一部分病虫害的滋生。进而保护蔬菜的苗壮生长。

生物防治的手段。在生物防治上来说，我们一是要保护好并且利用好瓢虫、食蚜蝇、猎蝽、草蛉等害虫的捕食性天敌以及寄生蝇、寄生蜂等寄生性动物的大敌来控制蔬菜种植中遇到的虫害。第二个是广泛推广使用生物制剂，例如在蔬菜种植过程中，我们可以使用 BT 与其他病毒进行配合制成复合型的生物农药来防治小菜蛾和菜青虫等一些害虫。也可以用座壳孢菌剂来防治温室白粉虱，抑制害虫的生长。

反季节无公害蔬菜是市场上一个新的蔬菜生产方式，这样的蔬菜既能满足人们对蔬菜的需求，又能够为偏远地区的农民带来收益，值得大力推广。在无公害蔬菜的种植过程中存在着诸多的技术要求和限制。我们应该积极地去推广反季节无公害蔬菜的栽培技术，生产出更好更符合人们迫切需要的蔬菜。

第四节　无公害蔬菜栽培技术的思考

无公害蔬菜是严格按照无公害蔬菜生产安全标准和栽培技术生产的无污染、安全、优质、营养型蔬菜，并且，蔬菜中农药残留、重金属、硝酸盐、亚硝酸盐及其他对人体有毒、有害物质的含量控制在法定允许限量之内，要符合有关标准规定。

一、无公害蔬菜栽培技术

（一）选择良种

蔬菜的不同品种之间，对各种病虫害的抗性是有差异的，因此在绿色食品蔬菜栽培过程中，必须要选用优质、高产、早熟、抗耐病虫害的蔬菜良种，这样就可以避免或者减轻病虫害的发生概率，达到少用或不用农药的目的，降低成本，防止蔬菜污染。

（二）播前准备

（1）确定适宜种植季节。种植原则是尽可能将蔬菜的整个生育期安排在它们能适应温度的季节里，将产品器官的生长期安排在温度最适宜的季节内以保证其优质高产，并增强抗性。同时要注意蔬菜的均衡上市，确保效益。

（2）合理安排茬口。实行合理的轮作、间作、套作，根据不同蔬菜品种对光照、水分、肥料的不同要求，可采取高效立体种植。种植几茬蔬菜后，可安排一茬豆科作物，利用豆科作物的固氮作用，提高地力。要根据当地气候条件和市场信息科学合理安排茬口，最大限度地减少市场风险。

（3）育苗场地和栽培场地的清理与消毒。在播种或定植前，应及早灭茬翻耕，暴晒土壤，除净残留根茬和枝叶，消灭土壤残存的菌源和虫源。温室、大棚要在高温歇茬季节，在棚内灌水后高温闷棚，利用太阳能消毒。也可在播种或定植前每 666.7m² 用硫黄 2.5kg、30% 百菌清烟雾剂、10% 速克灵烟雾剂、22% 敌敌畏烟雾剂各 300g，同 2.5kg 锯末混合均匀，分堆在密闭的棚内点燃杀菌灭虫。在蔬菜定植前 15-20d，还要用 100 倍的福尔马林溶液进行土壤消毒，做法是喷淋后用薄膜覆盖畦面，5-7d 后再翻倒土壤 1-2 次。

（4）种子处理。①浸种催芽。根据浸种水温不同可分为以下几种方式：

温水浸种：针对种皮较薄的蔬菜，如白菜、萝卜。此方式没有消毒作用，一般水温 20-30℃，浸 4-5h。

温汤浸种：水温 50-55℃，浸种 15min，浸种期间要不停搅拌，温汤浸种后再用温水继续浸种。如番茄、西瓜、芹菜等。

热水烫种：浸种水温 70-85℃，利用两个容器来回快速倾倒浸种的热水，水温降至 50℃时，再温汤浸种，之后再进行温水浸种。如茄子、冬瓜。②药剂拌种。将种子重量的 0.2%-0.3% 的农药同干燥的种子混合，或用药液浸泡进行种子消毒处理。

二、大田种植与管理

根据土壤类型不同，种植不同种类的蔬菜。精细整地。定植。根据不同蔬菜品种要求，合理密植。中耕、除草、培土。搭架、整枝、疏果。小拱棚、大棚温湿度管理。

三、灌溉基本原则与方法

（一）基本原则

（1）沙上壤经常灌，粘壤土要深沟排水。低洼地"小水勤浇"，"排水防涝"。（2）看天看苗灌溉。晴天、热天多灌，阴天、冷天少灌或不灌，叶片中午不萎蔫的不灌，轻度萎蔫的少灌，反之要多灌。暑夏浇水必须在早晨九点前或傍晚五点之后，避免中午浇水。若暑夏中午下小雷阵雨，要立即进行灌水。（3）根据不同蔬菜及生长期需水量不同进行灌溉。

（二）灌溉方法

（1）沟灌：沟灌水在土壤吸水至畦高 1/2-2/3 后，立即排干。夏天宜傍晚后进行灌溉。（2）浇灌：每次要浇足，短期绿叶菜类不必天天浇灌。

四、施肥基本原则与方法

（一）施肥原则

（1）选用腐熟的厩肥、堆肥等有机肥为主，辅以矿质化学肥料。禁止使用城市垃圾肥料。莴苣、芫荽等生食蔬菜禁用人、畜粪肥作追肥。（2）严格控制氮肥施用量，否则可能引起菜体硝酸盐积累。

（二）施用方法

（1）基肥、追肥。①氮素肥 70% 作基肥，30% 作追肥，其中氮素化肥 60% 作追肥。

②有机肥、矿质磷肥、草木灰全数作基肥，其它肥料可部分作基肥。③有机肥和化肥混合后作基肥。（2）追肥按"保头攻中控尾"进行。①苗期多次施用以氮肥为主的薄肥；蔬菜生长初期以追肥为主，注意氮磷钾按比例配合；采收期前少追肥或不追肥。②各类蔬菜施肥重点。Ⅰ、根菜类、葱蒜类、薯蓣类在鳞茎或块根开始膨大期为施肥重点。Ⅱ、白菜类、甘蓝类、芥菜类等在结球初期或花球出现初期为施肥重点。Ⅲ、瓜类、茄果类、豆类在第一朵花结果牢固后为施肥重点。（3）注意事项。①看天追肥：温度较高、南风天多追肥，低温、刮北风要少追肥或不追肥。②追肥应与人工浇灌、中耕培土等作业相结合，同时应考虑天气情况、土壤含水量等因素。（4）根外追肥（叶面肥）。

（三）土壤中有害物质的改良

（1）短期叶菜类，每亩每茬施石灰 20 公斤或厩肥 1000 公斤或硫磺 1.5 公斤（土壤 PH 值 6.5 左右），随基肥施入。（2）长期蔬菜类，石灰用量为 25 公斤，硫磺用量为 2 公斤。

五、无公害蔬菜病虫害综合防治技术

农业防治。采用抗虫品种、合理轮作、翻耕整地、清洁田园、适期播种、肥水管理等多种农艺措施，提高蔬菜抗逆能力，减少农药化肥用量。

物理防治。应用黑光灯、黄板或糖、醋、酒混合少量药剂诱杀害虫；使用防虫网防虫；覆盖银灰色遮阳网避有翅蚜；保护地可采用"高温闷棚"控制棚室害虫；用温汤或干燥处理蔬菜种子，杀死种子内外附着的病菌；用蓝色膜防除草害。

生物防治。用农抗 120 防治黄瓜白粉病；用农用链霉素防治黄瓜细菌性角斑病、大白菜软腐病；释放丽蚜小蜂防治棚室的白粉虱；用毒力蚜霉菌剂防治棚室蚜虫；用苏云金杆菌制剂防治菜青虫和甘蓝夜蛾等害虫。

化学防治。科学使用化学农药，认真执行《农药管理条例》和《农药安全间隔期限规定》，不使用 DDT、甲胺磷、甲基异柳磷等剧毒、高残留农药。

生态防治。应用控温、调温、高温抑菌等生态技术防止病害。

搞好病虫害的预测预报。早防早治，统防统治，以减少农药使用剂量和使用次数。

第五节　无公害蔬菜栽培的关键技术

因为人们生活水平的提高，对于饮食的要求也相继提升。瓜果蔬菜作为人们饮食中不可缺少的食物，人们对于它们的质量更是有了更高的追求。在日常购买瓜果蔬菜的过程中，人们也越来越倾向于购买无公害的蔬菜，原因在于无公害蔬菜能够保证身体健康。为了能够提升无公害蔬菜的产量，需要重点关注无公害蔬菜栽培技术的发展。只有保证栽培技术的提升，才能为人们生产更多、更好的蔬菜。

所谓无公害蔬菜是指蔬菜当中含有的有害物质以及残留的农药数量均低于国家最低卫生标准，是现代社会所推崇的饮食。经济发展下工业迅速发展，蔬菜种植过程中使用农药以及化肥的次数越来越频繁，蔬菜上残留的有害物质对人们的生活造成伤害，影响人们生活健康，所以如何有效进行无公害蔬菜栽培成为农业中必须思考的问题。无公害蔬菜栽培技术的进步能够提高无公害蔬菜的产量与质量，既为生产者带来经济效益，又保障了消费者的身体健康。

一、选择科学化的无公害蔬菜生产基地

保证无公害蔬菜生产顺利进行的基础。就在于选择一个合适的生产基地。一个合适的生产基地能够避免蔬菜受到有害物质的污染。大气、水质以及土壤污染都属于环境污染的范畴。在挑选蔬菜生产基地之前，需要对该处周围的土壤水源等进行样品检测，保证没有不合格因素存在。其次除了环境污染以外，生产基地的建立也应该避免工业污染。在选择生产基地时，应该尽量将选址建在远离工业生产的地方，尽量减少工业三废对生产地土壤的损害。

二、选择合适优良的蔬菜品类

只有保证选择合适优良的蔬菜品类，才能够在最后的收获过程中获得良好的结果。市场上常见的蔬菜品类包括番茄、紫甘蓝、青椒等，在选择这些蔬菜的栽培品种时，一定要以科学原则为基础，选择已经出现的优良品种，比如罗城1号番茄、哈椒1号等。选择这些优良品种作为栽培对象，可以保证后期蔬菜的良好发展，降低因为蔬菜品种选择不当而造成后期生长风险。在选择蔬菜品种的过程中要考虑到实际情况，尽量选择符合当地生长环境的蔬菜，避免种植失败。

三、提升技术水平，加强细节

在进行蔬菜栽培时一定要保证轮作的合理性，要选择合适的茬口，调整播种时间，尽量远离病虫害高发时段。要保证幼苗培育的科学性。在育苗床的过程中要避免病虫害干扰，减少杂草籽。一定要保证育苗床有充分的营养物质，具有良好的通风性。在开始播种前我看，一定要对种子进行仔细的处理与筛选，尽量使用物理方法对种子进行消毒。处理种子的过程中如果需要用到化学物质，一定要控制用量，从而实现抵御病虫侵害的目标。在冬春季育苗时，要对环境以及温度进行把控，可以采用电热温床酿热物温床等方式。在进行无公害蔬菜栽培的过程中，要充分发挥周围环境光、热、气的优势，为将要种植的蔬菜营造一个利于生长却不利于病虫生长的积极环境。在栽培过程中可以使用嫁接栽培、无土栽培等配套栽培技术。如果蔬菜是在棚室内进行栽培，则要注意棚室内的通风与透光是否良

好。冬春季是进行蔬菜栽培的重要阶段，在这个阶段一定要注意低温高湿的防护工作，保证充足光照。在栽培过程中最重要的环节就是田间管理，下雨天要处理并控制好灌水，对于容易被淹的低洼地段要做好雨季防涝、排涝工作。在选择肥料时，也要重点关注腐熟有机肥，必要时可以使用含有微量元素的肥料以及优质的叶面肥料。

四、做好病虫害防治工作

做好病虫害防治工作也是实现无公害蔬菜栽培的重要内容之一。病虫害一般都具有一定规律，而且需要一定的条件才能够产生。所以在进行蔬菜栽培的过程中，要对栽培环境的光、水、湿度等进行严格控制，尽可能降低病虫害发生概率。举个例子，在进行棚室黄瓜栽培时可以采取四段变温管理。在四段变温管理的帮助下，既能够保证黄瓜顺利生长，又能够尽可能的避免病虫害的发生。降低病虫害的发生概率还有一个有效措施就是利用生物链规律即发挥害虫天敌的作用，做好害虫天敌的保护工作，实现以虫治虫、以菌治菌的结果。为了更好地避免病虫害的发生，在栽培无公害蔬菜的过程中可以适当采用化学防治，也就是科学合理的使用农药。在使用化学农药的过程中一定要做到严格、精确等要求，在选择农药时也要以效率高、有毒物质含量低、残留量少的农药品种为首要对象，从而在保证蔬菜安全性的情况下实现蔬菜品种的健康成长。在选择化学农药前，需要对农作物栽培情况进行一个观察与评判，在没有达到病虫害防治指标的情况下不可以使用化学农药。要了解病虫害发生的规律与习性，选择合适的时间喷洒农药，切忌盲目扩大农药使用量与浓度。除了化学防治外，还可以进行物理防治。物理防治就包括太阳的高温、温汤浸种等方式。还可以根据害虫的趋避性驱赶、诱杀害虫，比如说在性诱剂、糖醋的帮助下抵御烟青虫、小菜蛾等。在黑光灯的帮助下抵御甘蓝夜蛾以及地老虎等。

总而言之，人们生活水平的提高使得人们对于健康生活越来越向往，所以人们对于瓜果蔬菜的品质有了更高的要求。很多人认为无公害蔬菜能够提高自己保障自己的身体健康。但是因为工业的发展以及各类化学农药的存在，使得无公害蔬菜栽培出现了不稳定因素。对于农业发展来说，通过选择合适栽培场地、选择合适品类、做好病虫害防治工作以及注重栽培细节等手段能够有效提升无公害蔬菜栽培质量。无公害蔬菜栽培能够改善种植环境，保障人们的健康生活，值得更为深入的探索与思考。

第六节　蔬菜无公害栽培植保技术

近几年来，伴随着人们生活质量的提高，人们越来越重视健康问题，尤其是餐饮安全格外关注。与此同时，人们的关注点不自觉的转移到无公害蔬菜上，其中的植保技术是蔬菜无公害栽培的核心，但我国一些地区的植保技术比较落后，因此，本节即将阐述植保技术的定义，分析目前蔬菜无公害栽培的状况以及植保技术在其中的运用。

现如今，蔬菜无公害栽培受到了广大民众的喜爱和热烈的探讨，人们对其的需求也日渐增多。在这样的背景之下，各个地区逐渐开始增加蔬菜无公害的栽培。大体上看，我国无公害栽培出来的蔬菜有较为明显的增加。但也因此引发了一些问题，比如一些蔬菜无公害栽培黑心企业为了降低蔬菜的病虫害，超标喷洒农药，造成农药残留超标严重，使蔬菜本身变得危险有毒，质量出现严重问题。因此，在蔬菜无公害的栽培当中加入植保技术就显得十分重要。

一、植保技术的分析定义

植保技术，即植物保护技术的一种简称，该项技术包括的东西有很多，比如园林园艺、农业生物技术、以及种子的生产经营方面。植保技术的相关内容主要有：植物病虫害的识别技术，其能够快速地识别出病虫害的形态特点和病症；农药的安全使用技术，其能够对各种类型的农药进行识别，这样使安全用药和检验方法被直观的认出来；植物病虫害的防治技术，植物在种植之后，能够提前预防病虫害，从而降低病虫害出现的可能，从而保护作物。

二、蔬菜无公害栽培现状分析

植保技术为我国发展蔬菜基地创造了一个良好的环境，其问世后，成功实现蔬菜的无公害栽培。在科学技术的大力发展下，其种植的数量与质量都得到了显著的提升，但是目前而言，这项技术仍旧存在较多缺陷。因蔬菜种植基地的数量增加，种植面积不断扩大，其病虫害的问题也逐渐变得严重起来，而植保技术已经无法满足当前蔬菜防治方面的需求。再加上我国农业技术水平相对于其他国家而言仍旧偏低，目前想从根本上解决蔬菜选种、种植和生产上的问题并不容易，若不使用农药，则基地的生产量会降低很多，甚至会出现零收成的情况。蔬菜植保主要出现几个问题：种植的人员并没有正确的把握药物剂量；其种植手法选择不规范；喷洒农药时不严谨。因此，就必须要考虑到不同类型的蔬菜植保技术，从而进一步完善蔬菜无公害栽培。

三、蔬菜无公害栽培植保技术有效应用

（一）种植环境得到改善

无公害蔬菜的产量和口感往往取决于其生长环境，即种植时的环境。因此，需利用无公害技术完善种植的环境，尽可能提高无公害蔬菜质量。结合所需要种植的蔬菜类型，选择阳光充足土地肥沃等位置进行栽培，尽可能地满足蔬菜种植的所需。要根据所种植蔬菜的类型选择出最佳的灌溉方式，在种植的过程当中，提供充足的水源，并且不要忘记对其光照和温度进行调整，蔬菜的种植基地最好不要靠近医院或者工厂附近。在选择无公害蔬菜种子的时候，也需要考虑到其抗病能力与适应能力，要想提高蔬菜无公害栽培的质量和产量，就需要在各个环节都要加强注意。

（二）无公害蔬菜的病虫害得以控制

选用化学防治的方法虽然会在蔬菜无公害栽培当中短时间内起到作用，但同时会带来环境的污染问题。而无公害蔬菜栽培体现的是环保理念，因此在蔬菜无公害栽培的过程当中，如果大量喷洒农药，这是跟环保的理念完全相违背的。因此，可利用病虫害的天敌对其进行捕杀，尽可能减少使用化学药剂，从而保证蔬菜无公害栽培的质量和产量。尽可能少用化学药剂，用物理和生物防治相结合，确保蔬菜的安全性。

（三）生物和物理技术相结合

蔬菜无公害栽培的过程当中，植保技术要得到灵活的运用，并对蔬菜无公害栽培的植物保护需求进行更深一步的思考，对科学选择生物和物理技术，有效保护无公害蔬菜，降低无公害蔬菜被病虫害和农药破坏的可能。借助病虫害的天敌抑制病虫害以达到生物防治的目的，生物防治治疗的效果能有效减少病虫害，其对蔬菜无公害栽培有着重要的应用价值。

（四）完善蔬菜无公害栽培技术

这些年来，蔬菜无公害栽培技术得到了人们的广泛关注和支持，其具备不小的市场利润。针对蔬菜无公害栽培进行深入分析，无公害处理蔬菜，深入剖析各类不同蔬菜的不同生长和产量规律，以此为基础，设施栽培和无土栽培技术作为辅助，有效清除病虫害。针对不同类型的蔬菜采取多种种植技术，并加强引用试验，推广，因地制宜，从而让蔬菜无公害栽培技术更加规范，为完善技术打下基础。

综上所述，选用正确的植保栽培技术，从而最大程度减少蔬菜无公害栽培引发的病虫害，减少农药残留，进一步提升无公害蔬菜的质量和产量。因此要加强植保技术的使用，为无公害蔬菜种植创造良好的环境氛围，从而减少病虫害出现，加强整合物理与生物防治，提高蔬菜无公害栽培的技术，从各个环节，各个方面提升其水平。

第七节　无公害蔬菜保优栽培技术

随着人们生活状况的改善，在吃穿方面不再简简单单地强调吃饱穿好，现在人们越来越看重健康。本篇文章主要阐述了无公害蔬菜的种植情况，初步探讨了无公害蔬菜栽培的方法与技术，以确保无公害蔬菜的质量。

在人们生活水平不断提高的前提下，人们的环保意识、自我保护意识也在不断地增强。无公害蔬菜的种植技术在现阶段已经是农业发展过程中最需要研究的内容，怎样的种植方法才是更健康的、更受人们欢迎的。随着研究的不断深入与发展，无公害蔬菜的种植技术已经得到了大家的认可。无公害蔬菜在种植的过程中取得了较好的经济、社会以及生态效益。经计算，菜农种植无公害蔬菜亩均收入要比传统蔬菜高850元，具体的种植技术与措施如下：

从广义上讲，无公害蔬菜是集安全、优质、营养为一体的蔬菜的总称，主要指蔬菜不含有对人体有毒、有害的物质，或将其控制在安全标准以下，不会对人体健康产生危害。

具体讲要做到"三个不超标"：一是农药残留不超标，不能含有禁用的高毒农药，其他农药残留不超过允许量；二是硝酸盐含量不超标，食用蔬菜中硝酸盐含量不超过标准允许量，一般在432mg/kg以下；三是"三废"等有害物质不超标，无公害蔬菜的"三废"和病原微生物等有害物质含量不超过规定允许量。

2 具体的栽培技术

无公害蔬菜在栽培的过程中要做到保优，这就代表着在种植的过程中需要人为地创造符合蔬菜生长的条件，这样才能够保证无公害蔬菜优质高效地生长。在这样的生长条件下，无公害蔬菜能够有效躲避害虫的侵袭，具有较强的抗逆性，从而能够有效实现优质生产的结果。

一、严格选择生产区域

无公害蔬菜的生长条件要比平常的蔬菜种植条件更为苛刻，生产基地的选择特别重要，因为无公害蔬菜的种植基地需要确保不会有有害物质、有毒物质进入该区域，减少无公害蔬菜种植过程之中的有毒物质的侵入，防止蔬菜污染。

（1）在选择无公害蔬菜种植基地的时候，需要确保选择的区域不会出现废气、废水和废渣，因为这种情况不利于无公害蔬菜的种植与生长。

（2）无公害蔬菜种植基地的区域所需要的灌溉水不能够受到污染。

（3）无公害蔬菜种植基地需要选择离铁路和公路较远的位置，这样能够有效避免污染源。

（4）种植土壤中没有有毒或者有害的废渣，这样才有利于植株的生长。

（5）生产区域中需要有懂得科学种植方法的技术人员，或者周边有带动无公害蔬菜生产基地的龙头企业。

二、坚持科学合理种植

无公害蔬菜的种植过程需要按照科学种植的方法，要实行轮作倒茬的种植方式，并且可以适当选择播种期，尽量有效躲避开病虫的侵害，可以实行水旱轮作或者蔬菜之间的轮作，尽量减少同科的连作，像瓜类和茄果类的连作，通过这样的种植方式能够有效避免病虫害的发生情况。

三、选用质量较好的种子

在种植的过程中，需要结合时节与地理条件，选择具有较强抗性和抗病的蔬菜品种，这种条件下就可以有效减少病虫害和农药的使用量，实现抗毒和抗病的种植条件。选用大棚栽种的方式可以有效实现秋延后或者春提早的环境因素，这样通过人为因素调整种植内容，能够有效实现抗病和抗毒等效果。

四、加强田间的管理

（1）合理施肥。肥料在蔬菜种植的过程中是必不可少的养料之一。通过施肥的过程可以有效补充田间缺失的营养物质，在施肥的过程中需要注重基肥的施加量，并且还要顺带施加一些追肥。除此之外，还要注重有机肥与化肥两者之间的合理配置，还可以使用一些较为传统的方式施加一些肥料。可以在农田施加一些含有微量元素的肥料以及叶面肥。需要注意施肥时间需要控制在蔬菜收获前的三十天，叶面肥的施肥时间则要控制在收获前的二十天左右。需要控制氮肥的用量，可以选择一些没有危害的氮肥。这样才能够实现无公害蔬菜的优质生长，土壤质量也能够得到保障，既不会污染土壤也不会污染水源。

（2）科学灌溉。在进行灌溉的过程中要做到灌水与排水分渠道进行，不能够串溉，在进行灌溉的过程中一定要按照无公害蔬菜的生长条件进行科学灌溉。灌溉的水分也要使用质量较好的水，禁止使用工业废水或者生活污水进行灌溉，因为里面可能会含有一些有毒物质，不利于无公害蔬菜的生长，在阴雨天的时候要尽量减少灌溉，避免因水涝使蔬菜致死，对一些地势较低的地方在种植过程中需要注重排涝，在高温旱季要进行灌溉避免植株干旱而死。

（3）重视田园卫生。假若田园里含有一些病毒，病毒在冬天也可以在病原体中越冬，这样当气候回暖，温度等其他条件适宜的时候，病毒就能够发挥它的作用侵害植株的健康，并且田间里的植株被感染的话可能会加剧危害，感染其他植株，这样并不利于植株的生长。保持田园的清洁，讲究田园的卫生，有利于无公害蔬菜的正常生长。

重视蔬菜采摘后的处理，防止植株污染。无公害蔬菜采摘后需要进行一系列的处理。在采摘之后对蔬菜进行清洁、消毒、包装等一系列步骤，其商品性将能够大大增强，有利于增加菜农收入。假若收获的蔬菜不符合市场的要求，在这种情况下并不利于增加菜农收益，无公害蔬菜的品质性能也不能够得到发挥。在进行包装的过程中，要选择一些绿色包装，避免接触到有毒有害物质。

无公害蔬菜的种植要按照科学的种植方法进行种植，这样才能够在真正意义上生产高质量的蔬菜产品。随着人们生活水平的提高，无公害蔬菜是人们在购买蔬菜过程中的第一选择，因此科学地种植无公害蔬菜也有利于增加农民的收入。

第五章 露地蔬菜栽培技术

第一节 露地蔬菜栽培技术概述

随着人民群众生活水平的提升，对蔬菜的种类，需求量，质量要求都有了较大程度提升。而蔬菜种植也成了农民增收致富的一条途径。露地蔬菜种植工作需要提供技术支撑，尤其是对于大规模种植而言。如果没有科学合理的方法，就可能会带来巨大的风险。本节就露地蔬菜栽培技术研究作简要阐述。

蔬菜种植需要结合到多方面条件，既有自然环境方面，同时也需要考虑到社会环境方面。具有一定的技术性在其中。小规模蔬菜种植工作，种植人员通常依据以往的种植经验。而对于大规模种植而言，单纯依靠经验无法有效地对风险进行规避。

一、露地蔬菜种植

（一）品种的合理选择

无论是大规模种植或者是自给自足的种植模式，在正式种植工作前，品种选择都是一项非常重要的工作。直接关系到了种植工作的结果。品种选择要结合到本地区的自然环境特点，如气候，降水，气温，土质等一系列因素。选择时同样需要考虑到对自然灾害的抵御能力，对病虫害的抵抗能力、生长周期等。

（二）种植前准备工作

种植前需要对土地进行平整，春季地温通常比较低，播种前还需要施肥对土壤进行改良。在秋冬季节土壤冻结前也需要进行整地工作。整地深度应该结合到蔬菜品种，某些品种蔬菜根系生长较深。整地深度相应就要加深。通常情况下，整地的深度保持在25厘米左右。整地的要求是下实上虚，地面平整，无明显大土块存在。来年解冻之后，需要对土地进行爬犁处理，并对土壤进行改良。施肥不能单纯只使用化学肥料或者是农家肥，而应该将二者有机结合到一起。为避免肥料对蔬菜根系产生影响，需要控制好氮肥使用量。

（三）蔬菜起垄

起垄栽培的作用在于提升地表温度，增加土壤透气性，促进根系生长发育。由于其多方面特点，应用范围十分的广泛。通常情况下，垄高控制在 25 厘米左右。为了避免垄沟内水漫过垄顶，将其高度可以适当增加。而某些情况下则需要适当降低其高度，避免沟内水灌不到垄顶，从而使垄顶过于干旱，对蔬菜生长造成影响。在标准掌握方面，通常是水深达到垄高的三分之二处，确保其应有的效果。

（四）高畦覆膜栽培

在土地平整并保证地面平整的基础上起垄栽培。畦面做好后，用地膜覆盖。保证其表面平整，并压实，无皱褶，不倾斜。利用竹片或者是小竹竿支架形成小拱棚。当环境温度基本稳定，土壤积温适合之后，将幼苗移植到畦面上。将覆膜与不拱棚技术结合到一起，能够提前幼苗定值的时间。蔬菜也可以提前上市。

（五）浇灌工作

蔬菜在生长过程要依据具体的情况进行浇灌。避免过于干旱或者是土壤水分过多。科学的方法是膜下滴灌。通过地埋毛管渗入土壤之中。通过毛细作用对土壤根部进行浸润。对土壤造成的扰动较小，利于保持根层通透，疏松的环境条件。使地表土壤保持干燥，能够有效减少杂草生长。

（六）病虫害防治工作

病虫害防治工作可以利用的方法有多种。人工防治方法，化学药物进行防治，物理防治，生物防治等。利用化学方法进行防治时，需要考虑到食健康安全问题。禁止使用剧毒药物。

二、露地蔬菜栽培技术研究

为了更好了解露地蔬菜种植工作，以甘蓝为例进行说明。甘蓝分为不同品种，选择时需要选择抗病虫，高产，优质，耐储运，适合市场需求，商品性好的品种。

依据栽培的时节与方式可以半其分为，露地育苗，温室育苗，阳畦育苗，塑料拱棚育苗等。在条件允许的情况下也可以采用基质穴盘育苗的方式。露地育苗工作需要做好防雨，防虫，遮阳等措施。

在催芽环节为了确保种子的出芽率。可以先将种子在 50°C 到 55°C 的温水中浸泡，时间控制在 15 分钟左右。自然冷却后浸泡三个小时左右。捞出晾干置于 22°C 到 24°C 条件下进行合催芽。

育苗床土配置选择的是近三来未种过蔬菜的园土与过筛圈肥。依据二比一的比例进行混合，并加入一定量的复合肥。之后将床土铺入苗床。厚度在 10 厘米到 12 厘米之间。床土需要进行消毒处理。

夏、秋甘蓝的播种时间分别在四月上中旬，六月下旬七月上旬。需要浇足底水，之后用细土覆盖。育苗期工作可以将其分为间苗，分苗，分苗后管理，壮苗标准等几部分内容。分苗前间苗工作需要开展一到两次。分苗时需要注意株距。分苗后适宜少量浇水或者是喷水。定植前一周内需要浇透水。分苗后要进行适当遮阳，如果在育苗期间温度过高，可以利用浇水与遮阳的方法调控降温。

夏季甘蓝定植工作在五月中、下旬，秋季则是在七月下旬或者是八月上旬。定植前，露地栽培利用的是平畦。结合整地工作进行土壤改良。定植时可以坐水栽苗或者是培土后立即浇水。结合定植浇水工作施加生物液肥。在密度方面，早熟品种通常控制在 4000 到 5500 株，行株距在 30 到 40 平方厘米。中熟品种适当减少，控制在 2000 到 3000 株。晚熟品种则数量更少。定植后首先要经过缓苗期，之后是莲座期，此时需要控制浇水蹲苗。蹲苗结束后，需要结合到浇水施肥。结球期需要保持土壤湿润。并且结合到浇水工作施肥。后期则需要控制浇水的量与频次，避免出现裂球，叶球紧实后就可以采收。

蔬菜种植需要采用科学的方法，才能确保其最终的结果。本节以甘蓝为例，对其露地种植作为简要说明，为陆地蔬菜的生产工作提供一定的借鉴。

第二节　露地蔬菜生态栽培新技术

目前，随着人民群众物质生活水平的提高，对蔬菜需求量和品质要求不断提升，种植蔬菜已经成为农牧民增产增收的重要途径之一。本节结合鄂尔多斯市的露地蔬菜种植模式，就露地蔬菜生态栽培技术进行分析，希望通过研究，更好地促进露地蔬菜产业的发展。

露地蔬菜产业作为鄂尔多斯市农牧业重点产业之一，在农牧业产业结构调整，推动农业现代化进程，有效提高农牧民收入和建设社会主义新农村过程中，发挥着重要的作用。近年来，当地政府出台了扶持蔬菜产业发展的种苗补贴政策，在此政策的推动、激励和引导下，该市蔬菜种植规模、品种、结构都有了较大的提升和优化。特别值得指出的是，在此期间，农牧民从蔬菜产业发展及相应的配套政策中，无论是增加经济收入，还是解决就业等问题，都切切实实得到实惠，蔬菜产业的发展，已成为该市农牧民增收的一大亮点。

一、选择合适蔬菜品种

在露地蔬菜种植过程中，要结合地区的气候环境和种植制度，选择合适的蔬菜种类和蔬菜品种。近年来，鄂尔多斯的露地蔬菜主要有青辣椒、番茄、萝卜、茄子、豆角、甘蓝等。品种选择过程中，应选择抗病性能优异，产量潜能大，管理方便，耐寒、耐旱的早熟品种。

二、做好施肥工作

露地生态蔬菜栽培过程中，由于春季地温比较低，播种前，需要做好整地施肥工作。在秋季土壤结冻之前，进行整地，整地深度应该结合蔬菜根系的生长情况，如果蔬菜根系较深，需要深整地。一般情况下，征地 25 cm 左右比较合适。整地要保证上虚下实，地面平整，无明显的大土块。第 2 年春季土壤解冻之后，对土地进行 1 次爬犁，每 667 m2 施入完全腐熟的农家肥 3 000 kg、硝酸铵 20 kg。施肥要控制好氮肥的施入量，避免对蔬菜根系生长产生影响。

三、蔬菜起垄

起垄栽培因能够提高地温，增加土壤透气性，促进蔬菜根系生长发育，近年来被菜农广泛采用。一般情况下，垄高以 25 cm 左右较为适宜。若立地面向南流水不顺时，可将垄高增至 30 cm，以防垄沟内水漫过垄顶；若立地面向南流水很顺时，则可将垄高降至 20 cm，以防沟内水灌不到垄顶，造成垄面过于干旱，影响蔬菜生长。总之，应掌握的标准：浇水时，水深应达到垄高的 2/3 处，这样起垄栽培，才能发挥出效果。

四、高畦覆膜栽培技术

土地整理好后，保证地面平整，起垄栽培。垄宽维持在 60 cm 左右，高度维持在 15 ~ 20 cm 之间。畦面做好后，在上方铺一层地膜，保证表面平整，镇压紧实，不倾斜，不皱褶。用细竹竿或竹片制成小拱棚支架。当环境气温稳定，土壤积温适合之后，将经过锻炼的蔬菜幼苗定植到覆膜畦面上，然后在畦面上覆盖拱棚。当幼苗定植 1 个月后，就可以将拱棚拆去。覆膜和加盖小拱棚栽培技术，可以大大提前幼苗定植时间，蔬菜可以提早上市，缓解春季蔬菜市场供给不足的问题。

五、蔬菜膜下滴灌技术

滴灌管埋在膜下 30 ~ 35 cm 处，水通过地埋毛管的滴头缓慢滴出，渗入土中，再通过毛细管作用，浸润作物根部。该技术对土壤的扰动较小，有利于作物保持根层疏松、通透的环境条件，使地表土壤干燥，减少杂草生长。根据作物需水生理和土壤条件制定灌溉方案，包括灌水量、1 次灌水时间、灌水周期、灌水次数等。灌溉时，打开主管道堵头，冲洗 3 min，再将堵头装好，灌溉一段时间后，过滤器要打开定期清洗。

六、做好病虫害生物法防治工作

（一）使用杀虫灯进行消杀

杀虫灯主要是利用害虫的趋光性特点，对害虫的成虫进行诱杀的全新技术。在露地蔬菜生产过程中，选择用震频式杀虫灯，可以显著减少落卵数量，降低农药的使用量和使用次数。杀虫灯的安装，一般要结合防治对象和蔬菜栽培季节综合确定。杀虫灯一般每隔 100 ~ 120 m 设置 1 个，灯距离地面的高度为 1 ~ 1.2 m 左右。科学合理的设置杀虫灯时间，一般在晚上 7 ~ 12 点之间，杀虫效率最高，而对于一些鳞翅目的害虫，则需要从晚上开启到第 2 d，天亮关闭。

（二）使用性诱剂杀虫

性诱剂主要利用昆虫成虫性成熟时释放性信息素，引诱异性成虫的原理。将有机合成的昆虫性信息素化合物（简称性诱剂），用释放器释放到田间，通过干扰雌雄交配，减少受精卵数量，达到控制靶标害虫的目的。性诱剂杀虫技术属于新型绿色防控技术，成本低廉，操作简单，且无毒、无害、无污染。尤其对抗药性很强的斜纹夜蛾、小菜蛾、烟青虫等害虫效果明显，并有化学农药无法比拟的优势。它符合"优质、高产、高效、生态、安全"的农业发展目标。

第三节　露地蔬菜栽培效益技术模式

我市充分利用自然资源，在适宜的季节生产露地蔬菜，能够提高土地的利用效率，增加经济效益，对农村经济可持续发展有着重要意义。通过对春马铃薯、西瓜、大白菜栽培模式技术研究，提出适宜我市农村实际的高效间作套种栽培技术模式，以期推广增加效益，为加快新农村建设做出贡献。

充分利用自然气候、水源、土地肥力等资源，在适宜的季节生产露地蔬菜，从能量产出投入比来看是最经济的。在叶县任店寺庄村通过合理安排茬口，种植不同种类蔬菜的实践，不仅满足了人们蔬菜消费的需求，而且能增加农民收入。当前，国家提出搞好社会主义新农村建设，其核心内容是如何发展农村经济。这就需要科学种田高效栽培，提高土地的利用效率；同时，还要注重对环境的保护，维持生态平衡，这对农村经济可持续发展有着重要意义。以下通过对春马铃薯、西瓜、大白菜栽培模式技术的研究，提出适宜我市农村实际的高效间作套种栽培技术模式，以期推广，增加经济效益。

一、茬口安排

马铃薯于2月下旬播种，5月底6月初收获；西瓜于2月下旬拱棚营养钵育苗，4月中下旬定植，6月中旬至7月中旬上市销售；大白菜于8月中旬直播，11月份收获。

二、品种选择

马铃薯选择郑薯五号、郑薯六号等早熟品种；西瓜选择墨龙、绿龙等早熟品种；大白菜选择郑研小包28、郑研中包68、郑白4号或郑杂2号等品种。

三、栽培技术要点

土豆栽培技术要点春马铃薯一般在播种前15-20天进行催芽，种薯催芽前应先进行晒种，将种薯置于晴天中午晾晒5-6天，种薯的切块在催芽前1-2天进行，切块可节约种薯、打破休眠。切块时，把种薯沿顶向下纵切数块，每块带有1-2个健壮芽眼，每千克种薯切40-50块。切块时，必须注意切刀消毒，防止传播病菌，可用75%的酒精消毒；也可用几把刀具在水中煮沸消毒，切到病薯时可更换刀具使用。为加快马铃薯催芽速度，在催芽前用赤霉素处理种薯，使用浓度是0.5-1.0mg/kg，浸泡后立即取出。浸泡后的种薯必须摊开，凉4-8小时，然后按一层种薯块、一层湿沙的方式堆放，保持15-20度的温度，芽长1-2cm时即可播种。马铃薯根系浅，分枝少，主要分布在土表层30cm，因而要选择疏松肥沃的土壤，冬耕晒垄，播种前每亩施有机肥4-5千公斤，三元复合肥40kg，然后浅耕细耙，平整土地，做垄栽培。马铃薯播种在垄的向阳面，有利于及时出苗。每隔3行，留一个空行种植西瓜。马铃薯开沟种植，行距50cm，株距25cm覆土厚2-3寸，整平垄面后稍加镇压。然后喷乙草胺除草剂防治杂草。播种后20天即可出苗，然后浇1次齐苗水，苗高3-5cm时定苗，只留1个主苗，其余芽苗应抹去；在生长旺盛时期，应及时掐去花蕾，以减少养分消耗。现蕾开花期，是薯块膨大关键时期，土壤要见干见湿，发棵后期注意可欧美控制肥水。为防止植物徒长，盛花期叶面喷洒浓度50-100mg/kg多效唑可湿性粉剂1-2次，结薯期可用营养肥料爱多收磷酸二氢钾进行叶面施肥。防治蝼蛄等地下害虫，每亩可用3%辛硫磷颗粒剂2-3kg掺细土15-20kg顺沟均匀撒施。马铃薯常见的病虫害有早疫病、晚疫病、疮痂病、病毒病、蚜虫、二十八星瓢虫、红蜘蛛等。早、晚疫病发病应及时清除田间病株，叶面喷洒1：1：200倍波尔多液，或用杀毒矾、克露、代森锌等喷雾，7-10天喷一次，连喷2-3次。疮痂病可在发病初期喷洒77%可杀得可湿性粉剂500倍液。病毒病可用病毒A可湿性粉剂500倍液喷雾防治。蚜虫等可用速灭杀丁、抗蚜威、灭扫利等喷雾进行防治。

西瓜栽培技术要点2月下旬温室育苗播种。浸种前，先晒种1天，可以提高种皮通透性，提高种子活力，降低苗期病害的发生，提高种子的发芽率。用55度温水汤种半小时，洗净后放在30度下催芽。西瓜种子有80%露白时即可播种。可采用营养钵或营养块播种，覆土厚度1.5-2cm。西瓜于4月中下旬定植到预留的空行中，定植移栽应选择在晴天的上午进行。先在定植部位打一空穴，将苗放入穴中，四周围掩细土，浇足水。定植前，覆盖好地膜。西瓜缓苗后，应加强肥水管理。5月中旬每亩追施尿素20kg、硫酸钾15kg、饼肥100kg。当主蔓生长至70cm时，应及时整枝压蔓。整枝采用3-4蔓整枝，在座果前严格整枝，做到及时整枝压蔓，去除多余侧蔓。在蔬菜生育期间，若雨水较大，可考虑在田间铺盖一层麦秸秆，以固定压蔓、降低田间湿度，减少烂蔓及病害的发生。坐果后25天，应及时翻果，以促使果实成熟均匀、色泽一致。西瓜病虫害主要有枯萎病、蔓枯病、炭疽病。蚜虫和红蜘蛛。枯萎病、蔓枯病发病初期在病株根部可用40%瓜枯灵100倍液，或菌枯净500倍液，或农抗120的200倍液灌根，每株半斤，7-10天一次，连续3-4次。可采用喷雾和灌根结合的方法提高防治效果。炭疽病发病初期，及时用甲基托布津600倍液，或70%代森锰锌600倍液喷雾防治。蚜虫可用速灭杀丁等防治。红蜘蛛可用1.8%阿维满清乳油1000倍液，或73%克螨特乳油1200倍液喷雾防治。

大白菜栽培技术要点西瓜拉秧后，及时翻地，每亩有机肥2500kg、过磷酸钙20kg做底肥,做高畦。大白菜采用直播,在畦面上划沟播种,土壤保持湿润,以利齐苗。在三叶期、六叶期间苗两次,八叶期定苗后要追肥尿素 10kg,并中耕除草一次。植株封行期,施一次发棵肥,亩施复合肥 20kg。结球前期可在畦中央开浅沟追肥,亩追肥尿素 20kg。见干见湿,保证水分需要,白菜包心紧实后即可采收上市。白菜病虫害主要有霜霉病、软腐病、蚜虫、红蜘蛛、茶黄螨、菜青虫和小菜蛾等。霜霉病可用杀毒矾、甲霜灵、乙磷铝等防治;软腐病可用农用链霉素防治;蚜虫可用吡虫啉、抗蚜威防治;红蜘蛛、茶黄螨可用三氯杀螨醇、克螨特防治;菜青虫可用阿维菌素、溴氰菊酯防治;小菜蛾可用阿维菌素、锐劲特防治。

四、经济效益

每亩马铃薯收获土豆 1800kg,收益 1200 元;西瓜亩产 4000kg,收益 2000 元;大白菜亩产 5000kg,收益 1500 元。每亩年收益可达 4700 元,是一般种植粮食作物的三倍以上,经济效益显著。

第四节　露地蔬菜无害化高效栽培技术

安徽省露地蔬菜占常年蔬菜播种面积的 75% 左右,因此,积极总结、推广以物理防治为主的露地蔬菜无害化高效栽培技术,为城乡居民提供安全、营养的蔬菜产品,对于促进农业增效、农民增收和蔬菜产业可持续发展,具有重要意义。根据全国农技推广中心的安排,2006 年我省以怀远县为中心,开展频振式杀虫灯诱杀为核心技术的露地蔬菜无害化高效栽培,现将有关技术总结如下。

一、选建基地是前提

建立蔬菜生产基地,组织农户独立种植、统一管理,实行规模化生产,有利于蔬菜无害化生产技术的推广应用。蔬菜生产基地要选建在远离公路主干线(150 m 以上)、无工业污染源、生活污染且可控制或处理,且大气、土壤、灌溉水质量符合标准的区域内。出口蔬菜生产要建立种植基地备案制度。

二、平衡施肥是基础

应以提高土壤肥力,降低硝酸盐含量,改善蔬菜品质和提高产量为重点,合理增施有机肥,重施基肥,轻施追肥,推广平衡施肥,做到控氮、稳磷、增钾,提倡施用微生物肥、复合肥、蔬菜专用肥,有针对性地使用微。优质农家肥的施用量一般应控制在 3 000 ~ 5 000 kg/667 m²。农家肥、磷肥全部作基肥,钾肥 2/3 作基肥,氮肥 1/3 以上作基肥。基肥 2/3 撒施,1/3 沟施,追肥优先使用冲释肥。根菜类和叶菜类要严格按照安全间隔期采收，最后一次追施氮肥应在采收前 15～20 天。

三、综合防治是关键

露地蔬菜生长期是一年中降雨量集中的季节，因此要推广垄作或高畦栽培，严防积水；要适期播种，培育健壮无病虫害苗移栽，合理配置株行距，优化蔬菜群体结构。同时加强土壤改良，培肥地力，创造适宜生长而不利病虫害流行的环境，促进蔬菜作物健壮生长。通过光、热、水、肥、气的协调促控，进一步优化菜园生态，最大限度减少蔬菜病虫害的发生与蔓延。

针对当地主要病害控制对象，选用优质、高抗、适合市场需求的品种。如毛豆春夏季栽培可选用辽鲜 1 号、台湾 75 等，秋季栽培选用当地梅桥大青豆；甘蓝春季栽培选用抗逆性强、耐抽薹、商品性好的中甘 11 号、8398 等早熟品种，夏季选用抗病性强、耐热的中甘 8 号、夏光、早丰 55 等品种，秋甘蓝选用优质、耐贮藏的京丰 1 号、晚丰等中晚熟品种。实行定期轮作，部分田块实行水旱轮作；冬季深翻冻垡，进行土壤杀虫、杀菌、杀卵消毒，减少病虫基数。

四、灯光诱杀是核心

灯光诱杀是利用害虫趋光性进行除虫的一种物理防治方法。使用频振式杀虫灯诱杀害虫，可减少落卵量，从而减少药剂防治的次数和用药量。据统计，灯光诱杀对鳞翅目、鞘翅目、缨翅目等 7 个目约 50 种害虫的诱杀效果明显，主要害虫有金龟子、夜蛾类、天蛾类、菜青虫、小菜蛾、小地老虎、卷叶螟、玉米螟、棉铃虫、飞虱、甲壳虫、蝼蛄、蓟马、叶蝉、蟋蟀等，基本覆盖了本地区主要害虫种类。通过连续 3 年灯光诱杀，不仅彻底解决了该县大青豆地下害虫危害，而且达到了毛豆田块基本不需要使用化学防治的目标。2006年我们又安排了频振灯（ps-15 Ⅱ型，下同）防治甘蓝等露地蔬菜害虫示范。据定点调查，平均每天每盏灯诱虫 657 头，益虫害虫比 1：92，通过对斜纹夜蛾、小菜蛾雌蛾的解剖，全部产卵的约占 12%，部分产卵的占 21%，未产卵的占 67%。连续 2 年使用频振式杀虫灯防治的基地比常规管理菜田，每茬减少用药 3 次，确保了基地蔬菜农残不超标。具体方法如下。

（一）确定安装杀虫灯的时间

频振灯安装时间要服从于主要防治对象和蔬菜栽培季节。如：以防治小地老虎为主必须 3 月开始安装亮灯，5 月即可结束；以防治金龟子等地下害虫为主，则要在 5 月下旬至6 月上旬金龟子成虫出现且尚未产卵时挂灯防治，7 月下旬至 8 月上旬即可结束；防治小菜蛾则需从 4 月挂灯，9 月结束；防治斜纹夜蛾、棉铃虫等可 7 月挂灯，10 月结束。

（二）合理设置杀虫灯

使用频振灯诱杀，若田间有障碍物或高秆作物，每灯距离可掌握在 100～120 m，若田间较空旷，每灯距离可掌握在 150～200 m，每灯控制面积为 1.33～2.67 hm2。试验表明，在矮秆露地菜田中使用，灯的悬挂高度（频振灯接虫口距地面高度）在 1 ~ 1.2 m 为宜，如果田间障碍物较多或有高秆作物，则可适当提高灯的高度。

（三）按时开、关灯

试验表明，夜间 12 : 00 以前诱杀的害虫占总虫量的 80% 以上，为节约成本可根据所要诱杀害虫的种类适时开灯。如金龟子主要在上半夜活动，若以诱杀金龟子为主则要在天黑前亮灯，12 : 00 以后即可关灯；而诱杀鳞翅目等害虫则要每晚天黑前亮灯，第二天天亮后关灯。

（四）加强杀虫灯的使用管理

使用管理跟不上不仅影响灯的使用寿命，而且直接影响杀虫效果。如杀虫灯的电网要经常清扫，最好每天 1 次，扫去粘在电网上的死虫，虫量少时可每 2 ~ 3 天清扫 1 次，以保证诱杀效果；接虫袋最好每天清理 1 次，防止未杀死的害虫逃逸，布袋失落要及时补上，防止出现无袋开灯诱捕。

（五）注意灯周围田块害虫的防治

灯光诱杀易造成灯下一片田块害虫密度过高，为害严重的现象，要定期观察及时防治。

五、药剂防治是补充

连续、大面积、规范使用灯光诱杀防治，除蚜虫等部分害虫外，一般菜田虫害危害较轻，往往不需要喷药防治，但当病虫危害超过防治指标时，则要辅以药剂防治。要在做好病虫害预测预报和正确诊断的基础上，优先采用抗生素、植物源农药等高效、低毒、低残农药适时对症防治。并严格按照农药安全使用间隔期用药及采收产品。如蚜虫可用 20% 苦参碱 2 000 倍液或 1% 阿维菌素 1 500 ~ 2 000 倍液防治，也可用大蒜、洋葱、丝瓜叶、番茄等植物叶的浸出液制成农药防治，同时可兼防红蜘蛛等。小菜蛾、菜青虫可用 1% 阿维菌素 2 000 倍液、5% 抑太保 1 500 倍液、2.5% 菜喜 1 000 ~ 1 500 倍液或氯氰菊酯 2 000 倍喷雾防治。甘蓝黑腐病、软腐病发病时，要拔除病株，并在发病初期用 72% 农用链霉素或新植霉素 4 000 倍液防治。黑腐病可用 77% 可杀得 500 倍液防治，软腐病可用新植霉素 3 000 ~ 4 000 倍液或铜铵剂 100 倍液灌根防治，每株 5 ~ 10 g，收前 10 天停止用药。

第五节　高原地区露地蔬菜有机栽培技术

在介绍有机蔬菜情况的基础上，从选择适栽品种、做好整地用肥、起垄栽培、覆膜栽培、膜下滴灌、病虫害生物防治等几个方面，以青海省西宁市湟中县田家寨梁家村苗壮合作社的蔬菜试验监测点的实验数据为依据，对高原地区露地蔬菜有机栽培技术做要点阐述，为提升蔬菜产出效益提供技术指导和理论借鉴。

推广蔬菜有机种植，基本满足了生态、环保的消费理念。当前，露地蔬菜有机栽培技术是一项待攻克的难题，文章结合工作实践，就相关技术优化做阐述分析。

一、选择适栽品种

露天蔬菜种植，不同其他，气候、种植制度等等的影响很大。为此，务必要选择合适的栽种品种。本地适栽的蔬菜品种，有豆角、茄子、包心菜、萝卜、青辣椒、莴笋等等。同时，尽量用耐寒、耐旱、产能大、产量高、方便管理的早熟品种。

二、种植地选择

满足有机种植的需要，种植地因远离传统地块，要与常规生产地明确划分，有明确标识的交界处，如隔离带、自然河川等等，避免品种混杂影响品质。

种植生产期间，有地块处于向有机转化阶段，必须要留足时间用于转换期。期间种植的蔬菜，不能作为有机蔬菜流向市场。严格来讲，只有经过转换期收获的蔬菜，才被称之为有机蔬菜。转换期的日期有严格的规定，开始日期一般为种植者向相关认证机构申请认证之日算起，到有机转换期完成后结束。当种植者申请认证后，转换期的地块要完全按照有机蔬菜的种植标准开始种植。

为了避免有机蔬菜的地块被常规生产的地块所污染，有机种植的地块会建立缓冲带保护种植基地不受干扰，这种缓冲带一般是长度不相等的物理障碍物，是有机种植地块与常规生产地块之间的分界标识。缓冲带的长度一般有严格的要求，不同国家的认证机构对缓冲带长度的要求各不相同，我国环境保护部有机食品发展中心要求缓冲带长为 8 m。

三、做好整地用肥

整地为创造好的耕犁层，用肥为满足生长养分补给。蔬菜露天种植，受季节影响大。春季地温低，播种前做好整地，做好用肥配合工作，坚持做到有机肥替代化肥，实现有机蔬菜的绿色发展。针对露天整地，要深且根据根系情况而定，根深时整地至少 25cm，上虚下实，清碎大土块。来年土壤解冻，爬犁 1 次，用充分腐熟有机肥 3 000kg/667m² ；硝酸铵 20kg/667m²。控制好氮肥用量，避免影响根系。

后期追肥，做到有机肥与无机肥的适当配比方面，以满足蔬菜作物周期所需氮素的供应为例。用量应根据土壤性状情况而定，因地制宜选择不同类型的有机肥。新菜田应选用化学养分高、速效的发酵有机肥，如粪尿、绿肥、饼肥；老菜田应选用秸秆丰富，经过堆沤发酵的缓效有机肥。有些连作障碍严重的老菜田采用秸秆生物反应堆技术效果很好，就是利用秸秆改善土壤物理性状，又补充了充足的碳源。

四、起垄栽培

起垄栽培好处多，有利于提地温、增加通透性，有利于蔬菜根系促生。而高原露地蔬菜有机栽培，更为适合起垄栽培管理。起垄高低，应根据灌水而定，水深控制垄高 2/3 处即可。一般情况下，垄高至少25cm。同时，能根据水流向，调整好垄地高度。南向排水不畅，可增加垄高到30cm，避免漫过垄顶。南向排水通畅，可降低垄高至20cm。垄高调整的目的，避免垄内干旱，而影响到蔬菜的长势。

五、覆膜栽培

覆膜栽培，能确保好的墒情，提升地温，对后期高产效果不错。起好垄地后，垄面平整，做好覆膜管理。一般垄宽在60cm，高度15~20cm，做好后覆膜搭拱棚，拱棚用细竹竿、细竹片做支架，压实不倾斜。移栽，待地温合适，气温恒定，经培育好的蔬菜幼苗，定植到覆膜畦面上，而后竹竿搭建拱棚。一般定植后30天，即可拆除拱棚。本地栽种实践中，搭建拱棚，缩短定植时间，提早上市时间，有效填补春季蔬菜市场空缺。

六、膜下滴灌

膜下滴灌，借助毛细管将水源浸润到根部，有利于根系疏松生长。同时，由于不破坏土层结构，地表能保持干燥，而有效预防草害的威胁。一般铺设滴管，应选在膜下30~35cm处。具体灌溉方案，应根据实际情况而定，制定合适的灌溉时间、灌溉周期、灌溉次数等等。使用膜下滴灌，后期做好维护，一段时间后注意清洗过滤器，确保灌水的通畅性。

七、病虫害生物防治

为确保蔬菜高品质，满足有机栽培要求。在病虫害防治期间，应注意：

病害的防治，选用耐病品种。因地制宜选择2~3种，耐病性强的品种。做好种子处理，对种子进行包衣无公害处理，无包衣处理的，之前做好选种、浸种等等。做好苗床处理，选用无病土壤做培养土地。播种前，进行1次生物消毒工作。当病害感染到一定程度，农业防治不见效时，施用生物制药防治。如莱氏野村菌、座壳孢菌我们当地较常用的是阿维菌素、苦参碱、农抗120等等。或者，用植物源农药，如国内研发的菇类蛋白多糖水剂可用于防治病毒病效果不错。

虫害的防治，选择生产潜力大，抗逆性强、分蘖能力大的品种。注意不同品种的轮换使用。统一地段，不要常年用一个品种，注意不同品种的轮用。加强田间栽培管理。推广先进的栽培技术，采用培育壮苗、合理密植、科学水肥管理等措施，以增强植株的抗病虫害能力。推广物理防治措施，利用人工捕杀、防虫网设置屏障、黄板诱杀、灯光诱杀等措施，以及利用瓢虫、捕食螨等控制虫害。

考虑到有机蔬菜好的市场行情，今后优化蔬菜有机栽培技术，对提升蔬菜产量很有必要。文章从选择适栽品种、做好整地用肥、起垄栽培、覆膜栽培、膜下滴灌、病虫害生物防治等几个方面做出优化，在后期的技术推广实践中确实取得不错的效益。

第六节　反季节蔬菜的露地栽培技术

随着人们生活水平的不断提升，人们对蔬菜的需求也越来越多，为确保营养均衡，很多人都会在日常生活中食用一些反季节蔬菜。因此，种植者栽培反季节蔬菜能够为其创造更多效益，同时也能够更好地满足人们对蔬菜的需求，而反季节蔬菜栽培技术主要有露地和大棚栽培两种方法，本节主要对反季节蔬菜的露地栽培方法进行分析，希望可以为推动农业生产更好发展提供一定助力。

不管采用哪种栽培技术对反季节蔬菜进行种植，都需要种植人员充分了解和掌握相关技术，并能将其运用到实际种植中。因此，种植者想要利用露地栽培方法对反季节蔬菜进行种植时，需要其能够对露地栽培方法种植反季节蔬菜的注意事项进行充分掌握，并在实际种植过程中进行有效规避，从而确保反季节蔬菜能够更好生长。

一、反季节蔬菜的露地栽培注意事项

在采用露地栽培方法对反季节蔬菜进行种植的过程中，需要种植者从以下三个方面进行考虑：其一，在选择菜种时要对地理条件、气候等外界因素进行综合考虑，从而使得反季节蔬菜质量以及产量得到保障；其二，要对自然环境进行充分考虑，比如光照是否充足、土质、水质是否满足蔬菜栽培需求，土壤中营养成分是否丰富等，从而为反季节蔬菜健康发育提供保障；其三，要对反季节蔬菜露地栽培的效益进行充分考虑，由于反季节蔬菜栽培相较应季蔬菜栽培更具风险，也需要较高栽培成本，因此就需要种植者能够在正式栽培之前进行充分的市场调查，从而保证收益最大化。

二、反季节蔬菜的露地栽培方法

（一）选地以及施肥环节

在选择栽培基地时，种植人员应该选择较为肥沃以及疏松的基地来种植反季节蔬菜；如果该基地已经种植完一批蔬菜了，则需要种植者在种植反季节蔬菜之前对土壤进行翻铺，同时还需要在翻铺结束之后进行施肥操作，从而确保反季节蔬菜栽培基地土壤足够肥沃、疏松。

另外，在进行施肥操作时，种植者需要充分考虑基地地质，通常种植者会选择合适的复合肥，从而避免肥料过于单一，反季节蔬菜在生长过程中吸收不到充足营养。

（二）选种栽培环节

在采用露地栽培方法对反季节蔬菜进行种植的过程中，一定要做好选种工作，需要选择优质的品种进行种植，不但能够提高反季节蔬菜的产量，同时该类品质还具备较强的抗病虫害能力，从而为种植者带来更多效益。

另外，在进行选种栽培时，种植者需要注重栽培方法，由于露地栽培方法与大棚栽培方法不同，种植者一定要选择适合季节特点的种子，保证其在露地栽培前提下能够健康生长。因此，种植者就需要能够选择具有较强抗灾能力、抗病能力的品种，从而保障种植者能够得到好收成。

（三）生长管理环节

不管对哪一类蔬菜进行种植，也不管是采用哪种方法进行栽培，想要提升农作物产量和质量，就需要种植者做好农作物生长管理工作，其中包括除草、追肥以及防虫害防治等管理内容。

在对反季节蔬菜进行除草操作时，种植者应该尽量选择物理除草法，不但能够避免反季节蔬菜受到农药作用出现不良问题，同时还能够有效提升反季节蔬菜的产量；不过，如果种植面积较大，则有必要使用化学药剂等对其进行清除，但是在清除过程中要注意化学药剂的使用量、次数等，同时所选化学除草剂应该具有一定针对性，并且不会在反季节蔬菜上残留太多，从而将其对反季节蔬菜造成的危害降到最低。

另外，在对反季节蔬菜进行追肥的过程中，种植者一定要遵守科学追肥原则，切不可盲目对反季节蔬菜进行追肥。因此，就需要种植者对不同蔬菜特性以及蔬菜品种进行了解，并据此对其进行追肥，避免追错肥。同时，采用露地栽培方法对反季节蔬菜进行种植要比大棚种栽培方法种植反季节蔬菜更易受病虫害侵害，因此就需要种植者能够定期对反季节蔬菜进行除虫、防病处理，在选择灭虫药时需要十分谨慎，尽量选择一些残留少、针对性强的灭虫药进行杀虫，从而起到良好的灭虫效果。

（四）采摘环节

当上述环节完成之后，反季节蔬菜也已经成熟，也就进入到了最关键的采摘环节。但是，在采摘环节也需要种植者给予一定重视，采摘不能过早，容易在反季节蔬菜还没有发育完全的时候就被采摘下来，从而导致反季节蔬菜质量以及产量受到一定影响；如果采摘过晚，反季节蔬菜可能腐烂，从而导致种植者收益受到影响。

另外，在采摘反季节蔬菜的过程中，种植者还需要对运输方式等进行全面考虑，主要是因为采摘后的反季节蔬菜会被运送到全国各地，运输时间的长短也会对反季节蔬菜的质量造成一定影响，为保证人们能够吃到新鲜的反季节蔬菜，就需要种植者对反季节蔬菜的运输、保存等进行综合考虑，从而保证地栽培方法所栽培的反季节蔬菜产量能够得到最大化，为种植者带来更多经济效益。

通过种植反季节蔬菜不但能够有效改善人们生活水平，同时也能够改善蔬菜供应不足的问题，从而为种植者带来更多经济效益。不过，反季节蔬菜栽培并不是一件容易的事情，需要种植者能够对相关种植事项进行了解，并熟练掌握反季节蔬菜的栽培方法，从而选种到后期管理都要十分严谨，确保反季节蔬菜能够正常生长发育，最终实现对反季节蔬菜产量以及质量的有效提升。

第七节　各类果蔬的栽培技术

一、露地茄子剪枝再生栽培技术

为了解决沧州地区茄子种植面积逐年扩大、新品种广泛应用所带来的种子价格较高、育苗成本增加、种植后期田间郁蔽严重、植株容易早衰问题，沧州市农林科学院经过多年探索实践，利用茄子植株分枝性强的特性，配合合理的剪枝及环境调控、水肥管理，总结出了新生侧枝再次生长、重新开花结果的茄子剪枝再生栽培技术，实现了茄子植株定植 1 次，收获 2 次的目标。再生的植株生长势强、田间通风透光得到改善、采收期可延迟至霜降之前，与传统的露地栽培模式相比每 667 m² 平均增产 2 500 kg，且减少了前期浸种、催芽、育苗、定植等栽培环节，降低了购种、耕作等生产成本，减少了劳动力支出，平均每 667 m² 可增收 6 000 元，产量、经济效益显著提高。

近几年，沧州地区茄子生产面积逐渐扩大，尤其是享有"中国圆茄之乡"的肃宁县，常年种植面积已稳定在 5 333 hm² 以上，成为当地农民增收致富的主要渠道。随着茄子品种的不断更新，优良品种得到了广泛的推广应用，但目前茄子良种价格普遍较高，农民育苗成本逐年增加，加之近年来劳动力短缺，种植效益受到很大影响；而且茄子生产中后期，普遍会出现田间通风透光性差、植株早衰、生长不良、病虫害严重等现象，造成茄子产量降低、品质不佳问题日益严重。

在茄子生长中后期，利用剪枝再生栽培技术，即在早春茄子生产结束之前，将门茄上方枝条全部剪去，下方侧枝摘除，利用茄子植株分枝性强的特性，配合合理的环境调控、水肥管理，使新生的侧枝再次生长发育，达到茄子植株定植 1 次，收获 2 次的目的。再生的植株生长势强、田间通风透光得到改善、病虫害明显减轻、果实品质得以保障，采收期可延迟至霜降之前，与传统的露地栽培模式相比每 667 m² 平均增产 2 500 kg，且减少了前期浸种、催芽、育苗、定植等栽培环节，降低了购种、耕作等生产成本，减少了劳动力支出，去除化肥、农药及人工等成本，平均每 667 m² 可增收 6 000 元，产量、经济效益显著提高。现将茄子剪枝再生技术的特点及关键技术介绍如下。

（一）效益分析

目前，剪枝再生技术在沧州地区青县、肃宁县等茄子产区推广面积达 67 hm²，与传统的露地栽培模式比较，每 667 m² 平均增产 2 500 kg，茄子平均价格按 3 元 /kg 计，每 667 m² 可增收 7 500 元，推广区域去除化肥、农药、人工等成本后，每 667 m² 增收 6 000 元，全域共计增收 600 万元，经济效益显著增加。

（二）技术要点

1. 品种选择

选择适宜露地栽培、耐低温、生长势旺、再生能力强、易发侧枝、根系发达、抗逆性好、抗病性强、坐果率高的早熟品种，如：天津二苠茄、快圆茄、紫长茄等。

2. 育苗

（1）种子处理。种子于播前晒种 2 ~ 3 d，晒种后用清水洗净，置于 50 ~ 55℃热水中搅拌，当水温降至 30℃后浸泡 6 ~ 8 h，随后清洗干净并沥干水分，用 0.1% 高锰酸钾溶液浸泡消毒 15 ~ 30 min，洗净药液，用纱布包好催芽，温度保持在 25 ~ 30℃，空气湿度保持在 85% ~ 90%，待 80% 种子露白后，即可播种。

（2）播种育苗。茄子育苗基质按草炭、蛭石 2∶1 质量比混匀，每立方米加入有机肥 3 kg，选用 72 孔或 56 孔育苗盘，每穴播种 1 ~ 2 粒，播后覆盖 0.5 ~ 1.0 cm 厚的基质，浇足底水，覆盖地膜保温。

出苗前，白天温度保持在 25 ~ 30℃，晚上温度保持在 8 ~ 15℃。当有半数以上种子出苗后揭去地膜，白天温度保持在 20 ~ 25℃，晚上保持在 14 ~ 16℃，基质湿度控制在 80% ~ 90%。幼苗长至 2 叶 1 心后，进行叶面追肥，叶面喷施 0.1% 尿素、磷酸二氢钾混合液 1 ~ 2 次。

定植前 10 d，加大通风量，夜间覆盖物留出空隙，降低苗床湿度和温度，逐渐进行炼苗。2 ~ 3 d 后，白天温度控制在 18 ~ 20℃，晚上控制在 13 ~ 15℃，定植前 3 d，昼夜打开通风口与覆盖物，使茄苗适应外部环境。茄苗长至 3 ~ 4 片叶并且叶片深绿、根系发达、无病虫害，即可进行定植。

3. 定植

选择土质疏松肥沃，3 年未种植过茄科作物的地块，上一年作物收获后，霜冻之前深耕 1 次，以利于茄子植株根系下扎。定植前 10 d，每 667 m² 施用有机肥 3 000 ~ 4 000 kg、氮磷钾复合肥 50 kg 作底肥，施肥后深耕做垄，垄宽 80 cm，垄高 20 cm，沟宽 30 cm，定植前 1 周覆盖地膜，提高土壤温度。定植选择在晴天进行，采取双行定植，行距 60 cm，株距 45 cm，每 667 m² 定植 2 000 ~ 2 500 株。随定植、随浇水，以利于缓苗。

4. 田间管理

定植 1 周后浇水 1 次，开花前控制浇水量，避免植株徒长。待门茄坐果后及时浇水追肥，每 667 m² 追施磷酸二铵 15 ~ 20 kg，并定期进行中耕除草。对茄膨大后每 667 m² 追施尿素 8 ~ 10 kg 和硫酸钾 10 ~ 12 kg，四门斗期每 667 m² 追施氮磷钾复合肥 15 kg，保持地块长湿不干。

5. 整枝再生

当门茄开花后，去除门茄下方侧枝，将底层叶片除掉，改善田间通风透光效果。门茄坐果后，在门茄上方保留 2 个强壮枝条，为双干整枝奠定基础；对茄坐果后去掉顶芽，去除外侧枝，始终保持双干生长；待到四门斗果实形成后进行摘心，促进果实早日成熟。

（1）剪枝技术。剪枝在 7 月中下旬，四门斗采收结束时进行。剪枝前 2 周左右，每 667 m² 施尿素 15 kg，保持土壤肥力，为减少病虫害的发生，视田间病虫害情况喷洒相应药剂 1 次。

剪枝宜选择在晴天 10：00 左右进行，先用剪刀在离地面 10 ～ 30 cm 处将植株修剪成 "Y" 形，上部枝条全部去除，留侧芽 4 ～ 6 个，剪口呈 45° 斜面，将门茄以下侧枝全部剪除。

剪枝后去掉地膜，除去杂草，用 72% 农用链霉素 1 g 加 50% 多菌灵可湿性粉剂 500 倍液调成糊状，及时涂抹在剪口上，防止病菌感染。待新枝条萌发后，选留 2 个健壮的枝条，其余全部摘除。在相邻植株之间，距植株 10 cm 以外开挖 30 cm 深的沟，切断茄子外围根系，促使新根生长；将尿素 8 ～ 10 g、硫酸钾 10 ～ 12 g 与土混匀，施入沟内，以便根系吸收。施肥后浇水 1 次，随水每 667 m² 施 50% 多菌灵可湿性粉剂 500 倍液 200 ～ 300 L。

（2）水肥管理。再生茄第 1 个茄果坐住后，每 667 m² 追施尿素 10 kg、硫酸钾 10 kg。坐果后每 10 d 浇水 1 次，每 20 d 追肥 1 次，每 667 m² 施尿素 15 kg、硫酸钾 10 kg。在盛果后期还要喷施 2% 磷酸二氢钾溶液，以延缓茄子植株衰老。剪枝 40 d 左右，再生茄果即可采收。

（3）整枝技术。剪后新枝长至 10 cm 左右时，进行双干整枝。留两条粗壮且长势好的侧枝作为结果枝，其余侧枝全部摘除，及时除掉基部的侧芽，每株留 3 ～ 4 个果，摘除底部枝叶。

6. 病虫害防治

露地茄子病害主要有绵疫病、黄萎病。绵疫病防治主要是做好田间排涝，确保雨后无积水残留；及时摘除发病的叶片、果实，抑制病害传播；加强中耕松土，追施磷钾肥，提高茄子植株的抗病性。发病初期可用 70% 代森锰锌可湿性粉剂 500 ～ 600 倍液喷施防治。

黄萎病防治最直接的办法是用托鲁巴姆作砧木，采用劈接法培育嫁接苗。对于发病的植株，症状轻微时可选用 50% 的多菌灵可湿性粉剂 500 倍液灌根，每株 100 ～ 500 mL，药量根据植株大小而定，5 ～ 7 d 灌根 1 次，连续防治 2 ～ 3 次即可。特别严重的植株就要及时拔除，在拔除后的病株处撒上生石灰进行杀菌处理。

露地茄子虫害主要有白粉虱、茄二十八星瓢虫。白粉虱防治主要是收获后清除残枝败叶，保持 3 ～ 4 周内田间不留任何白粉虱寄主植物。

茄二十八星瓢虫防治方法是收获后及时清理菜园，处理残枝，降低越冬虫源基数。产卵期去除叶背卵块；利用成虫的假死习性，拍打植株，用盆承接坠落的成虫集中杀灭。

7. 采收

茄子萼片与果实相连处浅色环变窄至不明显时，即可采收。采收适宜在早晨或傍晚，用剪刀将果柄剪下，果柄不宜过长，避免扎伤果实。

二、露地油豆角的栽培技术

豆角是一种优质的豆类蔬菜，它外观靓丽，含有丰富的营养，具有纤维少，口感好等特点，特别是独特的豆香味是其他蔬菜无法比拟的，可以鲜荚烹饪食用，还可以加工成优质的脱水蔬菜、速冻蔬菜，深受人们的欢迎。现将油豆角栽培技术介绍如下：

（一）品种选择

露地用种应该选用优质、抗病性强、适应性广、耐贮运、商品性和丰产性比较好的品种，还有品种生育期比较短，可以分期播种，比如（紫花架油豆、龙油豆一号、将军油豆、龙油豆二号和五常大油豆）品种等。

（二）种子处理

由于油豆角有许多病害是由种子传播的，所以在播种前最好进行种子处理。精选种子，挑选籽粒饱满、无病虫害、无破损、无霉变的种子。播种前晒种 1~2 天，以提高发芽率。用种子质量 0.5% 的 50% 多菌灵可湿性粉剂拌种，进行种子消毒，防治枯萎病和炭疽病；或用硫酸链霉素 500 倍液浸种 4~6 小时，防治细菌性疫病。露地要干籽直播，防止春季低温或夏季高温条件下烂种。还可用根瘤菌或钼酸铵千克种子加 2~5 克，用少量水溶解后拌种。

（三）施肥整地

整地施肥，底肥要多施磷钾肥，一般按每亩施用农家肥（以鸡粪为主）1500~2000 千克，同时施入二铵、硫酸钾各 10~15 千克，基肥以优质有机肥、常用化肥、复混肥为主；在中等肥力条件下，结合整地每亩施优质腐然有机肥 5000 千克，尿素 6.5 千克，过磷酸钙 50 千克，折硫酸钾 8 千克。露地种植作平畦，地膜覆盖和保护地种植也可采用半高畦，畦高 10~15 厘米。

（四）播种

露地栽培大多采用直播方法进行。每亩用种 6~8 千克。在栽培畦上开沟或开穴点播，每亩 3~4 粒种子，覆土 3~4 厘米，稍加深压。播种时如土位墒情不好，应提前 2~3 天浇水适墒后播种。

（五）田间管理

1. 苗期管理

出苗后至开花前的一段时间，一般不浇水，中耕除草 2~3 次，中耕要结合培土。发现缺苗要及时移栽补苗。蔓生种甩蔓搭架前，结合浇水追肥 1 次，每亩追施腐热粪肥 500~1000 千克或埋施腐热鸡粪 200 千克。苗龄 25~30 天，2 片复叶时，及时定植。

2. 适当合理密植

油豆角是蔓生的品种，应用排架、吊绳或人字架等架型，为油豆角生长创造一个良好的通风透光环境，促使植株生长健壮而正常开花结荚。定植缓苗后和开花期以中耕保墒为主，促进根系健壮生长。植株坐荚前要少施肥，结荚期要重施肥，施肥要掌握不偏施氮肥，注意增施磷钾肥。浇水应掌握使畦土不过湿或过干。及时防治病虫害，使植株生长健壮，能正常地开花结荚。除此以外，还应及时采收嫩荚，以提高营养物质的利用率和坐荚率。

3. 开花结荚期管理

浇水的原则是前期浇荚不浇花，以后保持土壤见干见湿。当第一花序嫩荚座位 3~4 厘米长时，结合浇水每亩追施折尿素 8.7 千克，硫酸钾 2~4 千克，进入开花结荚盛期，每亩追施尿素 4.3 千克，硫酸钾 2~4 千克。蔓生种视生长情况还可追肥 1~2 次。此期可用 0.2% 磷酸二氢钾溶液，或 2% 过磷酸钙浸出液加 0.3% 硫酸钾等其他叶面肥，进行 2~3 次叶面追肥。

（六）病虫害防治

1. 虫害防治技术

虫害防治技术分为物理防治、药剂防治两种方式。①物理防治：铺设银灰膜和悬挂黄板，利用蚜虫的驱黄避银生理特性防治蚜虫的发生。②药剂防治：蚜虫当秧苗有蚜株率达 15% 时，定植后蚜株率达 30% 时，用 10% 吡虫啉可湿性粉剂 5~10 克 / 亩，或 50% 辟蚜雾可湿性粉剂 2000~3000 倍液喷雾。

白粉虱在白粉虱数量不多时进行早期喷药，用 10% 吡虫啉可湿性粉剂 1000 倍液，或 3% 啶虫脒 1500 倍液喷雾。

红蜘蛛当点片开始侵害时，以叶片背面为重点喷药。可轮换使用 1.8% 阿维菌素乳油 3000 倍液，或 15% 哒螨酮乳油 1500 倍液喷雾。

豆野螟在盛花期或二龄幼虫盛发期时喷第一次药，隔 7 天喷一次，连喷 2~3 次。一般在清晨开花放时喷药，喷药重点部位是花蕾、花朵和嫩荚，落在地上的花、荚也要注意喷药。药剂可用 1.8% 阿维乳油 3000~4000 倍液，或 80% 敌敌畏乳油 800~1000 倍液，或 BT 乳剂加 2.5% 溴氰菊酯乳油按 1：1 比例混合对水 800~1000 倍液喷雾，同时兼治棉铃虫等其他鳞翅目害虫。

2. 病害防治技术

病毒病发病初期用 20% 病毒 A 可湿性粉剂 300 倍液，或 1.5% 植病灵乳剂 1000 倍液，或 0.5% 抗毒剂 1 号 300 倍液，10 天一次，连喷 3~4 次。

枯萎病零星发病时，用 50% 施保功可湿性粉剂 1500~2500 倍液，或 50% 多菌灵可湿性粉剂 500 倍液，或 50% 甲基托布津可湿性粉剂 500~600 倍液灌根，用药液 0.25 升 / 株。

细菌性疫病发病初期，喷洒 72% 农用硫酸链霉素可溶性粉剂 3000 倍液，或 77% 可杀得可湿性粉剂 500 倍液，7~10 天喷 1 次，连喷 2~3 次。

进入雨季，主要的病害是炭疽病，锈病以及其他一些病害，可以用安美托来防治炭疽病，用粉锈宁类药剂来防治锈病。强调一点，油豆角要及时采收，采收时不要碰坏植株的叶和茎。

三、芦笋露地高产栽培技术

芦笋是多年生宿根草本植物，具有独特鲜美的风味，营养价值也高于一般蔬菜，鲜笋含有丰富的维生素，具有人体所必需的各种氨基酸，有"蔬菜之王"的美称。一次种植可采收 10 年以上，一般亩产 600 ~ 800kg，产值 9000 ~ 12000 元左右，种植经济效益高，田间管理方便，推广价值大，市场前景广阔。文章将露地高产栽培管理技术做简要介绍。

（一）选种

选用抗逆性强、适应性广、高产优质的品种。

（二）育苗

1. 种子处理

先将芦笋种子倒入 55℃ 的温水中不断搅拌至常温下，再用 50% 多菌灵 300 倍液浸泡 12 d，然后取出置入洁净纱布包扎好，放入 25℃ 的恒温箱中催芽，每天用清水淘洗一次，当有 15% 的种子露白时播种。

2. 育苗

3 月上旬在高效日光节能温室内穴盘基质育苗，在穴盘内装入拌好的基质，将催芽好的种子单粒点播在穴盘中，种子上面撒一层基质，盖上一层塑料薄膜保湿，上层遮阴，等 60% 的穴出苗后揭去塑料膜，正常管理。每天上午浇一次水保持湿度，等幼苗长到 20 cm 时定植。

（三）地块选择与定植

1. 整地、施肥

选择地势平坦，土层深厚，肥力中等，易灌溉的地块，3 月上旬在经过深翻的地面上，按南北方向依行距 1 m 打好直线，沿直线开定植沟，沟深 20 cm 左右，每 666.7m² 施腐熟有机肥 3000 kg，N、P、K 复合肥 30 kg，与土均匀施入沟内，低于原地面 6 ~ 8 cm，准备定植芦笋。

2. 定植

临夏地区 5 月中旬定植为宜，在开好的定植沟内按芦笋鳞芽发展趋向，顺沟朝同一方向栽成直线，行距 1.0 m，株距 0.3 m，亩保量 2000 株为宜，穴盘内起苗时尽量少伤根，移栽时把地下茎放在沟中心，舒展其根系，然后埋土稍按压，灌定植水，一星期后及时查苗补栽，防止缺苗。6 ~ 7 月份每 666.7m² 追施复合肥 20 kg，中耕除草，立冬前灌一次水，后培土越冬。

（四）芦笋的采收及翌年田间管理

1. 清园

一般北方早春土壤解冻后及时清除芦笋地上的残、落叶，剪去母茎，目的是便于培垄采笋和防止病虫害发生。

2. 施肥与培垄

芦笋需要分次追肥，不易追施未经充分腐熟的有机肥，春季在芦笋未抽出前要培土做垄，培垄时要在离芦笋鳞芽盘 0.4 m 以外取土，以免损伤芦笋根系。

3. 起垄覆膜

芦笋田杂草易生，除草费工费时，因此建议追肥培垄后覆膜，减少杂草生长和土壤保墒。覆膜时按定植行起垄，用宽度 1.4 m、厚度 0.01 mm 以上的黑膜覆盖垄边和大沟，压实膜边。

4. 灌水

芦笋耐旱但对水分要求十分敏感，要抓好几个灌水环节，一般采笋期间隔 10 ~ 15 d 左右浇 1 次水，否则容易散头，菜笋结束后结合施肥灌一次水，夏秋季大雨后要注意排水，在临冬前灌一次封冻水，以防冬旱。

（五）病虫防治

防治芦笋病虫害坚持"预防为主，综合防治"的原则。首先选用抗病品种，适宜的地块，彻底清园，合理施肥。不偏施氮肥。多施钾肥，使植株生长健壮，增强抗病力。嫩茎发病后及时喷药，喷药应均匀，以喷洒嫩茎、茎植为主。化学防治时要轮换交替用药，以防植株产生抗药性。

1. 茎枯病

用 75% 百菌清 600 倍液或 40% 茎枯灵乳油 800 倍液喷雾防治。

2. 根腐病

及时清除病株，在病穴处洒石灰灭菌或 50% 多菌灵 500 ~ 600 倍液灌根效果好。

3. 棉铃虫

用 50% 辛硫磷乳油或 30% 甲氨基阿维菌素喷雾防治。

（六）芦笋的采收

1. 采收期

一般采收初年，只收 20 ~ 30 d，后期以营养生长为主，第二年后逐年延长。成年植株，当嫩茎变细，组织明显变硬时，应停止采割，一般可采收 80 d 左右。

2. 采收技术

每年 4 月中旬开始采收，菜笋嫩茎采收长度一般为 25 cm 左右，粗度 0.8 cm 以上为宜，过长过短都会直接影响芦笋产量。采割时要细心，不要碰伤其它不应采的嫩笋，留茬要合适，不可损伤地下茎和鳞芽，以 2 ~ 3 cm 为宜，笋采出后要及时回填并培实。出笋盛期每天早、晚各采收一次。

四、露地黄瓜高产高效栽培技术

黄瓜的特性是喜温暖、不耐寒冷、对地温比较敏感，要求有一定的昼夜温差；耐弱光；根系浅弱，难以吸收土壤深层的水分；对养料的要求比较严格，要求低浓度多次数施肥；适宜在富含有机质、通透性好、保肥保水、结构良好土壤中生长。露地条件下，通常采用春季小拱棚育苗移栽方式种植黄瓜，于3月上旬育苗，4月中旬定植，5月中旬开始分期分批采收。露地黄瓜栽培，应根据其生长习性与环境条件要求，把握好配套栽培技术。

（一）生长习性与环境条件要求

1. 温度

黄瓜喜温暖、生长适宜温度为15~32℃；不耐寒冷，0℃致死、5℃受冻害；种子萌芽期要求不低于12~13℃，适宜发芽温度为28~32℃；幼苗期，白天温度在晴天不应超过24~28℃，阴天不应低于18~22℃，而在夜晚不应低于12~17℃；开花结果期，白天温度不应低于20℃；25~30℃温度条件下，果实生长最快。黄瓜对地温的要求和气温有所不同，它的根系对地温比较敏感。因此春季露地定植，应在地温达到15℃以上时进行；育苗期和刚定植时必须采取有利于提高地温的措施，保证根系正常生长。

2. 水分

黄瓜根系浅弱，不能吸收土壤深层的水分；叶面积大而薄，蒸腾作用强，在高温、强光和空气干燥的环境中，易失水萎蔫，因此要通过灌溉供给土壤足够的水分。在温度较低时，土壤水分过大，易引起黄瓜沤根和猝倒病的发生。

3. 壤营养

黄瓜适宜在富含有机质、养分齐全的肥沃土壤种植，这种土壤透气、保肥、保水、结构良好，适合黄瓜根系生长。黄瓜对养料三要素的吸收量以钾为最多，其次是氮，最少是磷；黄瓜对厩肥中的有机质、腐殖质等特别偏好。施厩肥既可改善土壤通透性，又有助于土壤中微生物的活动，从而加速有机肥料的再分解；有机肥料分解过程中释放出热量和二氧化碳，不仅提高了地温，又使养分得到充分利用。因此，在早春黄瓜栽培中，基肥施腐熟厩肥尤为重要。黄瓜根系弱，要求施肥低浓度、多次数。

4. 光照条件

黄瓜是耐弱光的蔬菜，不超过10~12小时的短日照条件下，有利于黄瓜雌花的形成；长日照有利雄花的形成；阴天多，阳光过弱、也会引起黄瓜"化瓜"现象发生；为了达到高产，需要一定强度的阳光；在光照弱的情况下，改善透光条件，可提高黄瓜产量。

（二）栽培技术

1. 选择优良品种

应选择产量高、抗病能力强、耐低温、耐弱光、商品性好，适宜春季露地栽培品种。如：

津春 4 号、博美 4 号、中农 12 号等。

津春 4 号：抗霜霉病、白粉病、枯萎病；较早熟、长势强、以主蔓结瓜为主，主侧蔓均有结瓜能力，且有回头瓜；瓜条棍棒形、白刺、略有棱、瘤明显；瓜条长 30～35 厘米，心室小于瓜横径 1/2；瓜绿色偏深、有光泽；瓜肉厚、质密、脆甜、清香、品质良好；产量潜力大，适宜春季露地栽培。

博美 4 号：杂交一代黄瓜新品种。该品种生长势强，抗性强，抗霜霉病、白粉病能力强；瓜条长 36 厘米左右，单瓜重 200 克以上；瓜密刺型、颜色深绿、光泽明显；瓜肉浅绿色、肉厚腔小、质密、清香，商品性好；产量高，是露地栽培的理想品种。

中农 12 号：属中早熟普通花型一代杂交种。该品种植株生长健壮，分枝中等；以主蔓结瓜为主，第一雌花始于主蔓第 7～8 节，每隔 2～3 片叶出现 1～2 个雌花；瓜码较密，瓜条长棒型，瓜长 25～33 厘米，瓜把短；瓜色深绿，有光泽，无黄色条纹；刺瘤中等、白刺；单瓜重 150 克，口感脆甜，品质好，适合露地栽培。

2. 培育适龄壮苗

准备苗床：选定背风向阳、排灌方便、通透性好、盐碱轻、有机质含量高的肥沃地块或庭院空闲地制作育苗床。

配制营养土：按大田表土与腐熟有机肥 7：3 的比例，配制过筛营养土。每立方米营养土中需加入 500 克碾碎的氮、磷、钾三元复合肥，加入 50% 甲基托布津 100 克、加入 25% 敌百虫 60 克，多元微肥（含硼、锌、钙、铁、镁）50 克，搅拌均匀。其中 2/3 用来填装营养袋，1/3 作播后盖土备用。

填装营养钵：选用 15 厘米 ×8 厘米的塑膜营养钵袋，按上松下实、土面距上口处 2 厘米要求，填装好营养土，紧密、整齐摆放在苗床内。

种子处理：①晒种：播前选晴天晒种 2 天，提高发芽势和发芽率。②种子消毒：将晒过的种子，放入 55℃温水中（3 份开水＋1 份凉水）浸泡、搅拌 15 分钟，然后加冷水至 35℃、再浸种 3 小时；为预防病毒病发生，也可用 10% 磷酸三钠溶液浸种 20 分钟，后用清水冲洗种皮黏液，沥干水分后待播。

播种：①播期：采用小拱棚育苗，育苗适宜播期在 3 月中旬，棚内最低气温温度稳定通过 15℃时，适时播种；播期偏低的温度下，瓜苗不易徒长、利于培育壮苗。②播量：每亩定植地块用干种 80～100 克。③播种方法与技术要求：将浸泡处理好的黄瓜种子，人工点播于营养钵中央、轻镇压、使种子三面入土，并覆盖配制好的营养土 2 厘米；播后即刻用 2 米长柳杆，按间隔 80 厘米，搭建好拱架；采用小水、自下而上浸润营养钵中 3/4 的土（切记不要让水淹没营养钵袋，防止出苗期湿度过大、造成烂芽和出苗后土壤发生板结、出现卡脖苗）；待苗床浸润水自然渗下后，即刻覆盖防雾棚膜、增温保湿、助苗出土。

苗床管理：温度调控：出苗期，白天温度控制不高于 30℃、夜间不低于 20℃，以利于早出苗、快出苗；幼苗出土后，适当降低调控温度，白天以 25～28℃、夜温控制在 18℃左右；第一片真叶出现后到 4 叶期是花芽分化期，适当降低夜温，有利雌花分化，白天以 20 ～ 25℃，夜间 15 左右；定植前 10 ～ 15 天，逐渐加大通风量，夜间最低气温 15℃以上时，可昼夜通风炼苗。

苗床适时补水：应按照不旱不灌原则、采取小水补灌方式，适时适量补充苗床水分。当出现床土发白、早晚叶面无水珠、中午有叶萎焉缺水现象时，要及时补水。

苗期病虫害防治：①虫害：黄瓜育苗期虫害有白粉虱、蚜虫、斑潜蝇。可用 70% 吡虫啉 5 克 + 40% 万灵 10 克，对水 20 千克喷雾防治。②病害：防治病毒病要在 3 ～ 4 片真叶时用 4% 宁南霉素 25 毫升 + 康朴锌 4 毫升 + 龙灯优多硼 15 毫升 + 海精灵 8 克 + 蜂蜜 100 毫升对水 15 千克喷雾；防治茎基腐病可在定植前 2 天用抑快净（52.5% 恶唑菌酮·霜脲氰）9 克 + 可杀得叁千 10 克 + 海精灵 8 克对水 15 千克喷淋苗床。

壮苗标准：苗龄 35 天左右，壮苗标准：子叶完好，苗高 8 ～ 10 厘米、有 3 ～ 5 片真叶，节间较短，叶柄与主蔓的夹角 45 度，叶色深绿，叶片肥厚，茎粗壮，根系发达，无病虫害。

3. 定植田管理

灌透底墒水：在秋翻冬灌基础上，于 3 月底至 4 月初进行春灌，压盐碱、蓄足底墒水，亩灌量 60 ～ 80 立方米。

施足基肥：黄瓜需肥较多且又耐肥。犁地前，每亩施用充分腐熟的优质农家肥 3000 千克或高浓缩精制有机肥 200 千克、氮磷钾蔬菜专用肥 50 千克（或二铵 25 千克、尿素 15 千克、硫酸钾 15 千克）、硼肥 1 千克。

整地起垄：在施足基肥的基础上，适墒耕犁、耕深 30 厘米，并及时耙磨保墒、拾净残茬残膜，达到"齐、平、松、碎、净、透"六字标准；整地后，按垄底宽 70 厘米、沟底宽 50 厘米、垄高 20 厘米，开沟起垄，并覆盖薄膜。

定植前化除封闭：结合整地耙磨，针对性选择除草剂，进行土壤封闭。按亩用"乙草胺"原药 100 ～ 120 毫升或 33%"施田补"乳油原药 150 ～ 200 毫升，对水 40 千克，均匀喷雾，浅耙 4 ～ 6 厘米，进行土壤封闭，主防禾本科杂草和部分阔叶杂草。

适时定植：露地春黄瓜一般在 4 月中旬，地温稳定在 12℃以上时，选择晴暖天气进行定植。

定植方式：垄面覆膜种植黄瓜，定植时先按行株距配置打孔，后在穴中浇水，再将瓜苗根系向下舒展、带土球放入穴孔中，并覆土掩埋至根茎交界处，边移植边浇灌缓苗水。

插架、绑蔓、整枝：黄瓜苗高 20 ～ 30 厘米时，在距苗 8 ～ 10 厘米处，每株插 1 根 1.7 ～ 2 米的树枝杆搭成人字架；支架后进行绑蔓，用"8"字方法绑蔓，防治磨伤茎蔓和茎蔓下垂。绑蔓时，每 2 ～ 3 节绑一次，应在下午进行，上午茎蔓易折断；通过绑蔓松紧度抑强扶弱，对于生长势强的植株适当绑得紧一点，并使生长点高矮一致；绑蔓同时，摘除卷须与下部侧枝，以利于主蔓坐瓜；瓜满架时及时摘除病老叶，以利于通风和减轻病害。

水肥管理：

根瓜采收前的肥水管理：定植后 4 ～ 5 天，浇一次缓苗水，因当时地温较低，水量不宜过大；浇水后待地表稍干，及时中耕松土，提高地温，促进根系发育；此后应控制浇水，进行蹲苗；当第一条瓜（根瓜）见长和瓜把颜色变深时，应恢复浇水；浇水前中耕一次，主要除掉杂草，并晒 1 ~ 2 天，以免浇水后杂草复活。

结瓜期的肥水管理：结瓜期外界气温逐渐升高，瓜条和茎叶生长速度加快，此时应大量施肥浇水，一般 6 ~ 7 天施一次肥、浇一次水。浇水时应在上午或傍晚进行；在施足基肥的基础上，定植后结合浇水施足苗肥；追肥结合浇水进行，每亩每次冲施黄瓜专用有机复合冲施肥 10 ~ 15 千克或尿素 5 千克、硫酸钾 10 千克，最好有机肥和化肥交替施用，这样肥效好，营养全。

病虫害防治：黄瓜主要有霜霉病、白粉病、枯萎病、角斑病、蚜虫等病虫害。

农业防治：选用抗病品种，轮作倒茬；培育无病虫害适龄壮苗；适宜的肥水管理；深沟高垄栽培。

物理防治:悬挂黄板诱杀害虫。黄板规格 20 厘米 ×30 厘米，悬挂密度 40 ~ 60 块 / 亩。

化学防治：①病害防治：霜霉病选用 72% 普力克水剂 1000 倍液，或 72% 杜邦克露 800 倍液，或 80% 乙磷铝可湿性粉剂 600 倍液喷雾防治；②白粉病发病初期用 15% 三唑酮 1500 倍液，或 75% 百菌清可湿性粉剂 600 倍液，5 ~ 7 天喷 1 次，连喷 2 ~ 3 次；③枯萎病发病初期，用 37% 枯萎立克可湿性粉剂 600 倍或绿绑 98 可湿性粉剂 800 倍液灌根，每 10 天 1 次，连灌 2 ~ 3 次；④角斑病发病初期按农用链霉素亩用量 10 ~ 20 克，或 77% 氢氧化铜亩用量 150 ~ 200 克，或 20% 噻菌铜悬浮剂，每亩用量 125 ~ 160 克防治，每 7 ~ 10 天喷 1 次，连防 3 ~ 4 次。

虫害防治：蚜虫选用 10% 吡虫啉可湿性粉剂 3000 倍液，或 10% 啶虫脒可湿性粉剂 600 倍液喷雾，每 5 ~ 7 天防治 1 次，连防 3 ~ 4 次。

适时采摘:适时采收，特别早摘门前瓜，有增产效果。结瓜初期，每隔 3 ~ 4 天采收 1 次，盛瓜期应每天或隔天采收。这样既可保证商品瓜质量，又有利于幼瓜的迅速生长，提高坐瓜率。

五、黄秋葵露地栽培技术

为解决黄秋葵露地栽培不规范的问题，编写了《黄秋葵露地栽培技术规程》，详细介绍了河北省黄秋葵露地生产的基础条件和主要栽培技术，主要包括气象、土壤等基础条件、栽培技术、病虫害防治、采收等技术要点。为从事露地黄秋葵栽培的菜农和蔬菜生产企业提供技术支持。

黄秋葵是集色、香、味、营养于一体的高级保健蔬菜，经常食用可以健胃润肠、保肝强肾。近几年河北省黄秋葵种植面积逐步扩大，但栽培技术不规范，造成减产或病害加重的情况时有发生。针对这种现象，石家庄市农林科学研究院进行了黄秋葵栽培技术研究，总结出黄秋葵不同生育期的关键管理技术，制定了河北省《黄秋葵露地栽培技术规程》，为黄秋葵种植区域提供了科学选择黄秋葵品种的依据和规范的种植技术。

（一）基础条件

土壤环境应符合 GB/T 18407.1—2001 的要求。黄秋葵喜温暖不耐霜寒，耐热力强。地温15℃以上种子发芽，生育适温为25～30℃，开花结果的适温为26～28℃。耐旱，不抗涝。黄秋葵在较强的日照条件下生长良好，属短日照植物。在土层深厚、疏松肥沃、排水良好的壤土或沙壤土中生长良好，忌连作。

（二）栽培技术

1. 品种选择

圆果种应选择石秋葵1号、纤指；有棱五角种应选择卡里巴、五福、永福；红果种应选择红玉、红娇1号。一般667 m²产量为1 500～2 000 kg。

2. 栽培形式

育苗移栽。一般于4月上旬播种育苗，5月上旬覆盖地膜、定植，6—10月收获；从播种到始收75 d左右，采收期100 d左右。

露地直播。5月上旬露地直播，7—10月收获。

3. 种子质量与用种量

种子纯度不小于95%，净度不小于97%，发芽率不小于85%，水分不大于8%，千粒质量60 g左右。每667 m²育苗栽培用种量为250 g左右，露地直播用种量500 g。

4. 整地施肥

切忌连作，以根菜类或叶菜类作物为前茬较好。在前茬收获后，及时深耕30cm。肥料使用按照NY/T 496—2010执行。播种或定植前，每667 m²撒施腐熟的农家肥3～4 m³、过磷酸钙25 kg、磷酸二铵15～30 kg、草木灰100～150 kg或硫酸钾15 kg。再将土地深耕20～30cm，垄宽70cm，用地膜覆盖在种植行上，盖严盖实。

5. 育苗移栽

配制营养土。穴盘育苗用充分腐熟的农家肥与非黄秋葵园土按3∶7的体积比配制成营养土，每立方米营养土添加200～300 g氮磷钾复合肥，混拌均匀。

床土消毒。将40%福尔马林于播前21 d施于苗床土中，用量为40 mL/m²，对水量视土壤墒情而定，然后用塑料薄膜覆盖5 d，除去薄膜后14 d，待药充分挥发后方可播种。

催芽。在播种前将种子浸于55℃左右的热水中搅拌，保持水温恒定15～20min，然后在25～30℃条件下继续浸泡12 h左右，用清水洗净后即可催芽。于25～30℃条件下催芽，待50%种子露白时即可播种。

穴盘育苗播种。使用32孔的塑料穴盘。装入穴盘内的营养土要压实。育苗数量要多于需苗量的10%。摆放穴盘的苗床要选在离定植地块较近、地势较高的干燥处。播种时在每穴中心扎5～8mm深的孔，每穴播1粒发芽种子，覆土厚1.0cm。播后出苗前用50%辛硫磷1 200～1 500倍液喷洒床面，防治虫害。

苗期温度与水分管理。发芽期昼温应保持28～30℃，夜温不低于15℃；出苗后苗期白天温度维持在 25 ~ 30℃、夜间温度 13℃以上，地温 18 ~ 20℃；防止过干过湿。

定植。5 月上旬，气温 13℃、土温 15℃左右、幼苗长到 2 ~ 3 片真叶时定植，株距 50cm，每 667 m² 定植 2 000 株，定植后浇足水。

6. 播种

直播。5 月上旬，气温 13℃、土温 15℃左右时，种子直播，播种按行距 70cm、株距 50cm 挖穴，先浇足底水，每穴播种 2 ~ 3 粒，覆土 2 ~ 3cm 厚。

定苗。第 1 片真叶展开时第 1 次间苗，去掉病残弱苗；第 2 ~ 3 片真叶展开时第 2 次间苗，选留壮苗；第 3 ~ 4 片真叶展开时定苗，每穴留 1 株壮苗。

7. 中耕培土

定植、定苗后连续进行 2 ~ 3 次中耕锄草，结合锄草进行培土，防止植株倒伏。

8. 水肥管理

浇水。露地直播若播种后 20 d 缺水应早晚人工喷灌，幼苗稍大后可机械沟灌；育苗移栽于定植时浇足定植水，定植后 7 d 左右浇 1 次缓苗水，保持土壤湿润。开花结果时不能缺水，要及时供给充足的水分。结合追肥浇水，大雨后要及时排水。

追肥。在生长前期以氮肥为主，中后期需磷钾肥较多，追肥要少量多次。露地直播黄秋葵，在出苗后施提苗肥，每 667 m² 施尿素 6 kg，定植、定苗后开沟撒施，每 667 m² 施复合肥 20 kg。立秋后，15 d 施 1 次，追 2 ~ 3 次，每次每 667 m² 施尿素 7.5 kg、硫酸钾 6 kg。整个采收期内，每 15 d 叶面喷施 0.2% 磷酸二氢钾 1 次。

9. 整枝

及时摘除侧枝，减少养分的消耗。植株生长前期可以采取扭叶的方法，将叶柄扭成弯曲状下垂。在中后期对生长过旺的应及时打掉侧枝，摘除老叶，保留荚下 1 ~ 2 片叶，及时剪去老果荚。

（三）病虫害防治

1. 防治原则

贯彻"预防为主，综合防治"的植保方针，坚持"以农业防治、物理防治为主，化学防治为辅"的原则，掌握最佳的防治时期。

2. 农业防治

宜采用轮作、倒茬等耕作方式。如棉铃虫等害虫发生重的田块，收获时彻底清除残枝、落叶，保持田园清洁，减少病菌及虫口基数。

3. 物理防治

利用黄板诱杀蚜虫或银灰色地膜驱避蚜虫，用黑光灯、频振式杀虫灯或性诱剂诱杀鳞翅目害虫。

4. 化学防治

病毒病防治。用 20% 盐酸吗啉胍·铜可湿性粉剂 500 倍液或 0.5% 菇类蛋白多糖（抗毒剂 1 号）水剂 300 倍液或 10% 混合脂肪酸（83 增抗剂）水乳剂 100 倍液喷雾防治，7 d 喷 1 次，连喷 2 ~ 3 次。

苗期、成株期疫病防治。发病初期用 72% 霜脲·锰锌可湿性粉剂（克露）600 ~ 800 倍液或 69% 烯酰吗啉·锰锌可湿性粉剂 900 倍液或 58% 甲霜灵·锰锌可湿性粉剂 500 倍液喷雾防治，7 ~ 10 d 喷 1 次，连续 2 ~ 3 次。

蚂蚁防治。用 50% 的辛硫磷拌木屑撒于蚂蚁出现的地方进行诱杀。

六、芥蓝露地生产栽培技术

为应对近年来承德地区芥蓝受到市场青睐、栽培面积逐年扩大的局面，及时规范产品品质、保留芥蓝的固有风味、提高菜农的种植效益，承德市科研、推广部门通力合作，从芥蓝植物学特性着手，对其播种育苗、整地移栽、露地定植、田间管理、病虫害防治、采收与加工各环节进行深入研究，总结出一套芥蓝高产、优质种植规范，尤其强调了芥蓝后期管理，对保证侧薹的产量和品质十分重要，为该品种在当地的健康发展提供了参考。

（一）植物学特征

芥蓝根系较浅，分主根和须根，主根不发达，深度 20 ~ 30 cm，须根多，主要根群分布在 15 ~ 20 cm 的耕作层内。根系再生能力强，易发生不定根。茎直立、绿色、较粗大，有蜡粉，节间短缩。茎部分生能力较强，每一叶腋处的腋芽均可抽生成侧薹，主薹收获后，腋芽能迅速生长，侧薹生长后，其基部腋芽又可迅速生长，故可多次采收。叶为单叶互生，叶形因品种不同而呈现长卵形、近圆形、圆形等。叶色灰绿或绿色，有蜡粉。叶面光滑或皱缩，基部深裂呈耳状裂片。叶柄长，青绿色。芥蓝初生花茎肉质，节间较疏，绿色，脆嫩清香，薹叶小而稀疏，有短叶柄或无叶柄，卵形或长卵形。花茎不断伸长和分枝，形成复总状花序。花为完全花，白色或黄色，以白色为主；异花授粉，虫媒花。芥蓝开花后形成的果实为长角果，内含多粒种子；种子细小，近圆形，褐色或黑褐色，千粒质量 3.5 ~ 4 g。

（二）生长发育周期

（1）发芽期。播种至两片子叶展开，约需 7 ~ 10 d。子叶下胚轴为青绿色或紫绿色，子叶心脏形，绿色，对生。

（2）幼苗期。子叶充分展开至第 5 片真叶，需 15 ~ 25 d。幼苗期约占整个生长期的 1/4 左右，这段时期幼苗生长速度缓慢，到该期结束时，植株顶端开始花芽分化。幼苗期结束时是育苗移栽的适宜时期。

（3）叶丛生长期。从第 5 片真叶展开至植株显现花蕾，约需 20 ~ 25 d。此期植株可长至 8 ~ 12 片叶，同时叶面积也在不断扩大，叶柄较长，茎部渐粗，节间较短。

（三）栽培技术

承德中南部地区种植芥蓝基本上 4-8 月播种，可以选用香港白花芥蓝、柳叶早芥蓝等早熟品种进行露地栽培,以保证6-10月的供应。

(1)播种育苗:播种。采用直播或育苗移栽方式,每667 m²需用种子75～100 g。育苗地应选择排灌方便的沙壤土或壤土,最好前茬为非十字花科蔬菜的地块。整地时要多施腐熟的有机肥,用撒播方式进行播种。育苗。要经常保持育苗畦湿润,苗期施用速效肥2～3次,播种量要适当,并注意间苗,避免幼苗过密徒长成细弱苗。苗龄25～35 d时可达到5片真叶,间苗时间一般在2片真叶出现以后进行。优良壮苗。选择生长好、茎粗壮、叶面积较大的嫩壮苗,不宜用小老苗。

(2)定植:整地施肥。选用保肥保水的壤土地块,精细整地,每667 m2施入腐熟猪粪、堆肥3 000～4 000 kg,过磷酸钙25 kg作基肥,将基肥翻入土壤混合均匀,耕细耙平,土块打碎。一般做平畦,但夏季栽培应做小高畦。定植。露地栽培,移栽应在下午进行,保护地栽培宜在上午进行。栽苗日期确定后,在移栽前1 d下午给苗床浇1次透水,以便于次日起苗。定植当天随挖苗、随运到定植地块,按一定的行株距进行栽种。一般早熟品种行株距为25 cm×20 cm,中熟品种行株距为30 cm×22 cm,晚熟品种行株距为30 cm×30 cm。栽苗不宜太深,以苗坨土面与畦面栽平或稍低1 cm为宜。幼苗栽好后,随即进行浇水,以恢复长势。

(三)田间管理

(1)浇水施肥。根据当时温湿度情况及时浇缓苗水。缓苗后在叶簇生长期应适当控制浇水。进入菜薹形成期和采收期,要增加浇水次数,经常保持土壤湿润。基肥与追肥并重,追肥随水浇施,一般缓苗后3～4 d要追施少量的氮肥或鸡粪稀,现蕾抽薹时追施适当的速效性肥料或人粪尿。主薹采收后,要促进侧薹的生长,应重施追肥2～3次。

(2)中耕培土。芥蓝前期生长较慢,株行间易生杂草,要及时进行中耕除草。随着植株的生长,茎由细变粗,基部较细,上部较大,形成头重脚轻的状况,要结合中耕进行培土、培肥,最好每667 m²施入1 000～2 000 kg有机肥。

(四)病虫害防治

芥蓝的病害较少,最常见者为黑腐病,此为细菌性病害,高温高湿易发生。成株叶片多发生于叶缘部位,呈"V"形黄褐色病斑,病斑的外缘色较淡,严重时叶缘多处受害至全株枯死。幼苗染病时其子叶和心叶变黑枯死。防治方法为选用抗病品种,避免与十字花科蔬菜连作;发现病苗及时拔除,初现病斑即喷洒杀菌剂,如百菌清等。另外,在温度偏低、湿度较大的温室栽培时叶片、茎和花梗易发生霜霉病,发病初期要及时摘除病叶,立即喷洒药剂防治,常用药剂有75%百菌清可湿性粉剂600倍液、阿米西达1 000倍液或金雷600倍液。常见虫害有菜青虫、小菜蛾和蚜虫,可用剎虫1 000倍液、甲维盐1 000倍液、阿维菌素1 000倍液防治。

(五)采收与加工

不同类型的芥蓝品种,不同的栽培季节和管理水平,从播种至采收所需的天数和采收延续期差异较大。一般早中熟品种播种至初收需 60 ～ 80 d，晚熟品种播种至初收则需要 80 ～ 100 d。收获延续期 30 ～ 60 d。

芥蓝的采收标准是："齐口花"，即菜薹顶部与基叶持平，并有 1 ～ 2 个花蕾开花时为采收适期。芥蓝采收过早，产量较低；采收过晚则芥蓝易纤维增多，质地粗硬，品质下降。

菜薹采收时，主薹和侧薹的采收方法是不同的。采收主薹时须保留基叶 4 ～ 5 片。叶片是植株进行光合作用、供给腋芽生长所需的营养物质、形成侧薹的基础。采收节位高、留叶多，则腋芽数量多，腋芽生长所需要的养分易供给不足，所形成的侧薹细而小，产量和质量下降；采收节位过低，留叶少，不但影响主薹的质量，而且基部腋芽数目减少，长势也弱，产量也会降低。侧薹采收时则只保留 1 ～ 2 片基叶，可保证所形成新的侧薹发育良好，菜薹采收时用小刀轻轻割取。主薹采收后 20 d 左右，当侧薹长至 17 ～ 20 cm 时，即可采收侧薹。

生产上如肥水管理较好，植株长势不衰，侧薹的产量和质量可超过主薹。因此，加强后期管理，满足植株后期生长对水肥的需求十分重要。芥蓝采收后要迅速进行降温处理，在 0 ～ 4℃环境下冷藏并进行包装。

第六章 大棚蔬菜栽培技术

第一节 农业大棚蔬菜栽培技术概述

近年来，我国农业发展迅速，而在农业生产中，全面实现绿色化生产是相关部门关注的重点。随着社会主义市场经济的发展以及人们物质生活水平的提升，原有的蔬菜种植技术发展规模化、技术性和科学性不足的问题逐渐突显，需要引入更多先进的农业大棚蔬菜栽培技术去解决这些问题，以提高蔬菜生产的产量和质量。基于此，从大棚搭建、土地平整、品种选取、壮苗培育、田间管理、病虫害防治等方面介绍农业大棚蔬菜栽培技术要点，以提高蔬菜栽培种植的产量与质量。

现代化农业大棚蔬菜种植栽培主要是应用物理、化学等技术，基于反季节种植栽培理念，对大棚内部生长环境与种植条件进行优化，促使蔬菜能在适宜的温湿度、光照条件下稳定生长，并通过病虫害防治措施，对大棚种植中各类生理病害进行控制，提升蔬菜总体栽培产量，提高蔬菜种植成效，扩大农业大棚蔬菜种植效益。

一、农业大棚蔬菜栽培技术概述

现代农业大棚蔬菜栽培技术是基于一定的温度、湿度、光照控制技术，对栽培环境中温湿度进行控制，促使部分寒冷区域蔬菜在生长过程中能获得生长所需的温湿度与多项生长条件，并通过采用一定的病虫害防治手段，有效降低温室大棚蔬菜种植病虫害发生率，提高蔬菜种植的产量与质量。在大棚蔬菜栽培过程中，有效控制大棚内湿温度是重点，同时还要提高种植环境中的通风条件，保障大棚内部空气始终处于流动状态。在白天可揭开塑料膜降低大棚内部温度，同时避免大棚内部气体不畅通；通过调换大棚的遮盖物体调控大棚内部温度，避免棚内温度过高。在大棚内部湿度控制过程中，要防止湿度较高导致各类蔬菜作物光合作用受到影响，同时要实现大棚内外环境气体之间的有效流通。

二、农业大棚蔬菜栽培技术要点

（一）大棚搭建

大棚搭建要选在向阳区域，且没有传染性病害侵染，排水条件良好。目前，温室大棚搭建多采用竹木结构和钢结构。其中竹木结构大棚主要是用于育苗以及杂交育种，也能用于黄瓜、番茄、茄子、辣椒等春季早熟作物栽培。冬春时节茄科作物以及瓜果蔬菜等育苗阶段可以选取竹架小棚，与大棚搭配应用。在种植过程中为了有效控制生产成本，在大棚搭建时一般选取能保持 3 年寿命的竹架大棚，高度设定在 2 m、宽度为 4 ~ 5 m，以适应蔬菜生长的基本需求。对塑料薄膜维护过程中，要采取针对性措施避免棚膜受到破坏作用力，在扣膜前要将棚架突出位置磨平。

（二）土地平整

大棚蔬菜栽培对于各方面技术操作要求较高，整体难度较大。当前在种植中，要从科学角度出发，提高种植土壤质量和施肥操作技术水平。在蔬菜种植过程中，要及时对土地进行平整，实现精细化操作，同时及时对种植土地进行翻耕、除草、施肥操作，有效满足蔬菜生长中的营养需求。大棚内部环境与外部环境存有较大差异，为了避免种植区域土壤环境发生变化，在施肥阶段要合理控制施肥量，不能过量施肥，要对氮肥施加量进行控制，适度补充磷肥、钾肥。

（三）品种选取

选取蔬菜品种，要注重选取具有温度适应性和病虫害抵抗能力较强的品种，对于光照没有较高要求，但生长周期要相对较短，产量较高，要依照市场销售需求选取青椒、番茄、黄瓜等蔬菜品种进行种植。在大棚蔬菜种植中，不仅要提高种植质量，还要提高种植产量，以扩大种植效益。

（四）壮苗培育

在播种前要进行种子消毒，可以选取 55℃左右恒温水，将种子放入水中浸泡 15 min，在浸泡过程中不断搅拌，等到水温下降到 30℃后进行浸种。在播种环节中，播种苗床要水分充足，将种子均匀播撒在苗床中，为了提高降温、保湿成效，可以在苗床上覆盖稻草、地膜等。在苗期管理中，等到蔬菜生长出土之后，要及时揭除地膜、遮阳网、稻草等覆盖物，避免种子发生戴帽出土问题，还要及时撒湿润性较高的细土。当蔬菜子叶从出土到破心时要对大棚内部温度进行控制。在蔬菜整个苗期生长过程中，要对大棚内的光照、温湿度进行合理管控。在大棚蔬菜定植过程中，要在种植地 667 m² 施用 3 000 kg 腐熟厩肥、50 kg 复合肥，可采用全层施肥或开深沟施肥，施肥完成后将肥料翻入土壤中。在定植阶段，要合理控制作物种植株行距，例如茄子株距应保持在 40 ~ 50 cm，栽植密度为 2 500 株 /667 m²；辣椒为 3 000 株 /667 m²；番茄主要采取双行定植模式，株距保持在 20 ~ 30 cm，行距在70 cm 内。

（五）田间管理

大棚属于密闭生长环境，蔬菜在种植培育过程中容易受到各类有害因素影响，导致其生长成效降低。因此，在大棚蔬菜种植中，要对棚内温湿度进行有效调控。当棚内温度过高，同时为了降低各类毒害性气体，要适度打开通风口，促使大棚内部有效换气。大棚种植蔬菜较多为喜温型，所以当前在种植栽培过程中要将其温度控制在 25 ~ 33℃，不能低于 0℃。当外部环境温度较低时，要及时对大棚进行加温，可以选取热风加热，但最高温也不能超出 42℃。当棚内温度超出 33℃，要及时进行降温处理。采用棚内换气、开棚通风等措施，可保持最佳温湿度，有效促进蔬菜稳定生长。

大棚蔬菜培育中，由于大棚始终是处于封闭或半封闭状态，大棚内部水分的蒸发、扩散速度相对较慢，因此大棚蔬菜和露地蔬菜种植相比，水分蒸发速度较慢。当大棚内部环境湿度较高，将会导致大棚中产生较多病害，且病害蔓延速度也较快。而基于膜下滴灌方式的应用，能降低大棚内部环境湿度，调节温度，降低病虫害发生概率，提高蔬菜种植品质。

从部分大棚蔬菜种植现状可以得出，有较多蔬菜株蔓生长良好，但长势较差。这主要是由于株蔓生长速度较快，蔬菜在生长阶段产生光合产物的消耗量较大，营养需求量过大，导致蔬菜整体产量降低。因此，在蔬菜生长幼苗期，要掌控弱根深根，合理调控株蔓，促使蔬菜生长过程中具有一定的同化叶面积，对后期株蔓进行合理控制，进而有效提升蔬菜整体产量。在大棚蔬菜种植阶段，要拟定科学化灌溉技术，满足蔬菜各个时期基本生长要求，适度补充灌溉水量，种植更多根部较深、抗旱作用较强的蔬菜。针对大棚花椰菜、青菜，要适度增加灌溉次数。在大棚蔬菜不同生长时期要对灌溉技术合理控制，适度除草，避免过多杂草与蔬菜抢夺养分，满足大棚蔬菜绿色健康种植栽培要求。

（六）病虫害防治

大棚蔬菜在种植培育过程中容易受到各类害虫威胁，目前蔬菜种植中常见害虫主要有地老虎、蚜虫等。当虫害威胁严重时，要采用喷施杀虫剂等方式对害虫进行有效防控。在具体操作过程中，要科学选取杀虫剂，还要对药剂喷施时间进行合理控制。此外，在喷施药剂过程中可适当喷施微量元素肥料，促进植株生长，提高抗病性。病虫害大多发生在蔬菜生长早期，主要是由于早期蔬菜幼苗抵抗力差，因此种植前要采用土壤翻耕等方式有效减少土壤中的病菌。此外，大棚灭菌也可选用多菌灵、高锰酸钾等药剂进行喷施灭菌，有效控制大棚蔬菜病虫害发生情况。比如大棚西葫芦种植中会受到白粉病、白粉虱侵害，在防治过程中可选用速克灵、代森锰锌、扑海因等药剂进行防控。

当前，为了满足人们的生活需求，要对大棚蔬菜栽培种植的各个环节进行有效控制，提高栽培技术水平，促进蔬菜健康生长，有效提高蔬菜栽培的产量和质量，实现大棚蔬菜优质高产的发展目标。

第二节 大棚蔬菜栽培管理技术要点

蔬菜是人们日常生活中的必需品，大棚栽培有助于获得各季节的优质蔬菜。该文分别从温度、湿度、水分、施肥、光照、病虫害防治6个角度讲述了大棚蔬菜的栽培技术，可为提高蔬菜的品质与质量，满足市场所需，同时提高种植户经济收入提供参考。

蔬菜是人们日常饮食中不可缺少的食物，市场供求量较大，大棚蔬菜种植可以保障蔬菜质量，还可以提高农民收入，有助于推动农村经济的发展。

一、大棚的应用技巧

在准备阶段应综合确定蔬菜大棚的建设地点，保证光照强度与空气环境尽可能符合大多数蔬菜对自然条件的需求，减少后期调整与控制频数，节省种植投入，加强种植成本管理，获取稳定的经济收入。

营养元素丰富的土壤有利于蔬菜种植；光照充足的地区可依据蔬菜实际生长需求科学控制强度，促进蔬菜植株良好生长；较为开阔的地区通风良好，可减少病虫害的滋生；水资源丰富可满足蔬菜生长所需。建设期间，大多数建设3面墙，保障大棚的南向正对阳光，可提升蔬菜大棚的采光能力，提高保温性能。

二、栽培管理技术要点

（一）温度控制

大棚种植可有效防止自然气候对蔬菜植株产生的不良影响，加强对植株的保护。在建设初期，应关注大棚的保温能力。墙体设计应充分考量多重因素，科学控制大棚墙体的各种尺寸：北面墙体的厚度应保持在1 m，两侧墙体应控制厚度为1.3 m，横向宽度为8 m，长度保持在60 m以内。

如果种植地区遭遇冷空气袭击，降温力度加大，可在墙体周边加盖草帘，提升墙体保温能力。也可安装火炉、暖风机等，科学控制蔬菜大棚内部温度，发挥大棚种植优势，给蔬菜植株良好的生长空间。

（二）湿度控制

合理控制、科学调整大棚内部湿度具有重要意义。大棚的覆盖材料一般是塑料，具有较强的保温功能，有利于抵抗寒冷空气。在温度较高的时期，塑料膜影响大棚内部的空气流通，大棚内湿度较大，极易造成蔬菜病虫害，影响植株正常生长，造成种植损失。

可在大棚棚膜上进行洒水，缓解大棚内部的高温，减少空气滞留，实现大棚的空气流通，降低内部湿度。若当天温度较高、风力较小，可开启通风设备，加强大棚种植区域的通风，降低大棚内湿度，保障较好的空气流通性。

合理控制大棚湿度有利于蔬菜植株苗壮成长。科学测定空气中的湿度，在湿度接近植株生长所需时，应立即停止降湿措施。此外，如大棚湿度过低时，应采取空气喷雾、浇水灌溉等方式，提高大棚内部空气湿度。

（三）科学灌溉

水分是植物生长的关键因素，应科学控制土壤中的水分含量，一方面要避免水分过多引起的病虫害问题，减少农业种植损失，保障蔬菜植株顺利成长；另一方面要防止水分过少，影响植株生长，造成减产。

滴灌可有效改善大面积灌溉的水资源浪费问题，既提高了水资源的利用效率，也满足了植株对水分的需求。该绿色种植技术可节约能源，应在种植中广泛推广。

在灌溉中还应注意：清晨与傍晚空气湿度较大，此时段不适宜浇水；浇水应控制水温，不宜用太凉的水；温度较高的天气，植物对水分的吸收能力增强，应增加浇水量；阴雨天不浇或少浇水。

（四）施肥管理

施肥管理是保障大棚蔬菜植株有效吸收营养元素的关键措施，是较为关键的种植环节。应加强对蔬菜施肥的管理力度，依据蔬菜植株的生长需求科学施肥，补充其生长所需的营养元素，以促进蔬菜良好生长。

施肥过多会造成蔬菜植株营养吸收不良，造成蔬菜早熟，影响种植户的经济收入；同时，施肥过多也会对环境造成污染。施肥过少则会导致蔬菜生长缓慢，使植株错过最佳收获时期，导致减产，造成经济损失。因此，要科学开展施肥管理，以获取良好的种植收益。

施肥应采取测土配方施肥。根据土壤测量结果，科学补充土壤中含量较少的元素，控制施肥浓度，防止浓度过大对蔬菜生长造成伤害。施肥尽量采取少量多次的方式，提升植株对养分的吸收能力，发挥肥料对植物生长的促进作用。科学安排基肥与追肥的施加时间，满足蔬菜各生长阶段对养分的需求，使其长势良好。施肥后应及时浇水，增强肥料的渗透力，促进蔬菜吸收。

（五）光照控制

在种植期间，应科学控制光照强度，有效调整光照时长，促进植物提升光合作用效率，保障植株有效获取生长所需的营养元素。在控制光照期间，应结合管理大棚内的温度与湿度，为蔬菜植株创造良好的生长条件。例如，部分地区 11 月光照强度较低，应采取的控制措施为"早揭晚盖"，结合实际天气温度做出适当调整。

此外，与光照强度相关的因素是植物种植密度，种植过密会影响植株获取光照，不利于生长。同时，应及时清理杂草与病叶，减少营养元素的浪费。保障大棚外膜与内膜的清洁，提升棚膜的透光率，避免棚膜的清洁问题影响植株生长。

（六）病虫害防治

病虫害问题在大棚种植期间较为严重，防治是蔬菜种植的重点工作内容。病虫害会严重影响蔬菜的商品性，具有较大的经济影响。大棚蔬菜种植中有青虫、线虫等虫害。害虫一般具有较强的繁殖能力，一旦发生虫害会造成不可预计的种植损失。

种植人员应在大棚内定期巡查，科学管理大棚内的各项环境因素，有效防止病虫害的发生，全面提升种植效率，提高大棚种植的经济收益。

此外，在种植前期要科学松土，减少病虫害滋生的可能性；种植期间，可适当喷洒一些农药预防病虫害的发生；在蔬菜收获后及时进行翻耕，同时揭膜对大棚进行晾晒，利用紫外线消灭土壤中的致病原。

综上所述，应科学建设大棚，选择适宜的位置，为蔬菜提供良好的生长空间，保障蔬菜具有较高的营养价值、较为鲜美的口感，满足市场对蔬菜的需求，创造可观的经济收入。通过加强大棚种植管理，可提升蔬菜生产效能，有助于推动农业经济的发展。

第三节　设施大棚蔬菜栽培技术的提高

随着我国农业经济的不断增长，设施大棚蔬菜的种植面积也在逐年扩大。以山东寿光为例，在政府的大力推动下，设施大棚蔬菜的种植面积每年规模都增加两万亩以上。但由于我国很多农户的设施大棚蔬菜种植管理水平较低，设施大棚蔬菜出现了不少的问题，农产品质量安全没有保障，一些设施大棚蔬菜并没有实现应有的经济效益。文章就简单分析了目前我国设施大棚蔬菜栽培中普遍存在的几个问题，并针对这些问题思考了一些可行的对策，希望能进一步促进设施大棚蔬菜产业的发展。

一、设施大棚蔬菜种植栽培存在的问题

利用设施大棚对蔬菜的生长环境进行控制，既使蔬菜的生长不再受自然环境的限制，也使消费者能够在寒冷的冬季也能买到新鲜的蔬菜。随着人们的生活水平提高，对于设施大棚蔬菜的市场需求也越来越大，因此设施大棚蔬菜产业也得到了快速的发展。虽然我国设施大棚蔬菜栽培技术发展速度很快，但实际上在目前的技术水平限制下，设施大棚蔬菜栽培技术尚存在缺憾，农产品质量仍然有很大的提升空间。要想促进设施大棚蔬菜的进一步发展，就必须对设施大棚蔬菜栽培技术存在的问题有所了解。

（一）我国设施大棚蔬菜连作问题严重，栽培技术水平不足

一方面，很多农户种植观念较为落后，为了保障自身的经济收益，经常长期持续种植同一种作物，导致出现连作问题，不仅容易导致土壤内累积有害微生物提高病害发生的风险，也会造成土壤结构劣化，从而造成大棚蔬菜的产量和品质受到影响；另一方面，很多农户专业水平不高，更多的是依赖长期以来的种植经验，缺乏足够的先进栽培技术，可能出现大棚内缺少通风、温度和光照控制不足，同样会降低大棚蔬菜的商品质量。

（二）不合理施用化肥

很多农户在追求高产量时，往往会受到传统的农业观念影响，选择片面的增加化肥的

施用，导致施肥时用量过大，远远超过作物生长正常的养分需求，有时甚至达到 5 倍以上；在进行追肥工作时，经常施用过量的磷酸二铵，如氮肥和尿素，最多可达到正常施用量的 10 倍以上。不合理施用化肥会导致过量的养分堆积在土壤中，对土壤本身的土壤结构造成伤害，严重者甚至会出现土壤板结现象，大幅度降低大棚蔬菜的质量。

（三）大棚温度控制不足

棚膜是专门用于大棚建设的塑料薄膜，透光性强，保温效果好，但在晴天时，太阳直射很容易导致大棚温度过高产生热害。而在冬季出现低温天气，又很容易导致大棚温度过低产生冻害。很多农户设施大棚蔬菜栽培技术不高，对于大棚温度的控制不足，就很可能造成热害或者冻害，对大棚蔬菜的质量安全造成威胁。

（四）农药施用不科学

很多农户在施用农药时不能对症下药，经常滥用农药，例如氨基酸、腐殖酸、芸苔素等，而且在发生病虫害时，农户经常盲目增加农药浓度，不仅会导致出现农药残留现象，还容易造成作物出现药害，严重影响大棚蔬菜的质量安全。农药施用不科学不仅仅容易污染当地环境，甚至对消费者的健康安全造成影响。

（五）管理水平不足

很多农户的受教育水平不高，没有经过专业知识的培训与学习，在进行大棚蔬菜栽培时主要依靠的是长期以来的种植经验，不仅大棚的管理很容易出现问题，一些新的更高效的生产技术的推广与普及也存在难度。在特别是大棚蔬菜栽培与一般蔬菜栽培不同，对于管理水平的要求更高，必须充分利用设施对蔬菜的生长环境进行控制，一旦管理水平出现问题，很容易导致大棚蔬菜的产量与品质下降。

二、对策

我国设施大棚蔬菜产业展速度很快，但设施大棚蔬菜栽培技术中存在的种种问题也随之出现。这些问题很容易导致农产品出现质量问题，同时也制约了设施大棚蔬菜经济效益的实现。因此，在对设施大棚蔬菜栽培技术存在问题有所了解的基础上，积极加以思考，找到解决这些问题的对策，确保农产品质量安全。

（一）轮作种植，换土消毒

一方面，必须用轮作种植代替连作种植，根据市场需求和土壤条件合理进行作物轮换；另一方面，可以利用翻土或换土的方式，避免土壤中累积有害微生物。只有用轮作种植代替连作种植，经常翻土换土，才能确保大棚蔬菜产出稳定。另外，在一些由于连作现象导致土壤劣化的土地上，利用消毒剂也可以降低连作问题，避免病虫害的风险，可以有效改善土壤结构劣化状况，确保大棚蔬菜的生长不会受到影响。

（二）加强光照管理

大棚光照的影响因素主要有两个，一个是光线强度，一个是棚膜的透明度。因此，棚膜需要经常清理以保证透明度。不经常清理棚膜会导致透光受到影响，即使只是大棚内外温差导致的棚膜凝结水汽，也会造成光照强度降低。另外，整体的大棚设施都要考虑到作物的光照需求，选择透光性更高、更干净的棚膜也是重中之重。必须加强大棚蔬菜的光照管理，从而保证农产品质量。

（三）加强温度管理

温度是影响大棚蔬菜产出的重要因素，科学的温度管理可以有效保障大棚蔬菜产量。在大棚温度过高时，要及时通风换气，通过遮挡阳光减少太阳直射，降低大棚温度；在大棚温度过低时，可以通过火炉或相关电气设备提高大棚温度。加强温度管理，保证大棚温度一直处于一个合理的范围内，可以确保大棚蔬菜的正常生长，不会因为温度变化产生热害或者冻害。只有加强大棚蔬菜的温度管理，才能有效避免冻害和热害出现的风险。

（四）合理施用农药和化肥

无论农药施用还是化肥施用，都不能盲目，必须严格按照生产标准进行。在农药施用方面，应该选择效果更好、浓度更低、农药残留少的农药产品，严格控制施用量，避免出现要害影响正常生产活动；在化肥施用方面，必须为作物提供更全面的养分，有机肥和化肥结合施用，用法用量必须合理，避免破坏农业环境。

（五）提高种植者的管理水平

大棚蔬菜栽培对于管理水平的要求更高，因此大棚蔬菜种植者就必须具备足够的专业知识。一方面，可以通过电视、广播、网络、报纸等媒体进行一些专业知识的普及，让种植者获取相关知识的渠道门槛降低；另一方面，也可以聘请相关的专业组成培训队伍，既要在农闲时组织种植者接受培训，也可以让培训队伍进入田地与农户面对面交流，为农户答疑解惑，及时察觉种植者在大棚蔬菜管理中存在的问题。

三、大棚蔬菜栽培新技术

随着科技的不断进步，农业技术也在不断发展。由于人们对于大棚蔬菜产品的需求一直在逐年上升，为了满足市场需求，大棚蔬菜栽培技术方面也不断涌现出各种各样的新技术。其中有许许多多经过实践认证的新技术，已经足够成熟，有推广普及的价值。在进行设施大棚蔬菜栽培时，采用这些新技术，可以有效提高大棚蔬菜的产量与质量。

（一）多膜覆盖

以往在进行大棚蔬菜栽培时，一般采用单膜覆盖技术，这种棚膜透光性较好，但温度流失较快，大棚蔬菜的种植时间因此受到限制，定植期在三月下旬，而收获期则在四月底到五月初。但是采用多膜覆盖技术，可以有效提升大棚的保温效果，减少温度对大棚蔬菜生产的影响，将蔬菜的定植期与收获期提前。多膜覆盖需要在设施内安装小拱棚进行覆盖，挂二道幕，提升棚内温度。

（二）聚氯乙烯膜

很多大棚采用的都是传统的聚乙烯膜，这种膜虽然在很长一段时间内是蔬菜大棚主要选择，但目前看来这种膜拉力较差、寿命较短并且保温效果明显不足，在这种情况下，聚氯乙烯膜就成了更好的选择。与传统的聚乙烯膜相比，聚氯乙烯膜具有无滴、寿命长、防尘能力强、保温效果好等优点，在同样厚度、相同条件的前提下，采用聚氯乙烯膜的大棚比采用聚乙烯膜的大棚的棚内温度要高出 5℃，同时使用寿命明显增加。

（三）滴灌施肥

大棚蔬菜滴灌施肥技术是一种将滴灌的灌溉手段与肥料的施用相结合的施肥新技术，这种施肥方式与传统的施肥方式相比效率更高、效果更好，同时成本也得到了有效控制。通过使用滴灌施肥技术，水资源与肥料的利用率会得到明显提升，可以节省40%以上的肥料施用于水资源灌溉。而且在生产效率大大提升的同时，通过滴灌施肥也达到提高作物产量的效果，是一种实用价值很高的新技术。

（四）变温管理

温度是大棚蔬菜生产的关键因素之一，通过变温管理技术，可以对作物生长情况进行一定范围的控制，从而提高产量。根据实验，根据作物的实际情况与光照情况，利用变温控制技术对蔬菜大棚内的问题进行及时的、合理的、频繁的调节，可以有效抑制作物的呼吸作用，促进作物的光合作用，既减少了消耗，又让大棚蔬菜的产量得到明显提高。

随着我国社会主义市场经济发展走上高速路，人们的生活水平随之提高，对于蔬菜的品质要求也愈发迫切，设施大棚蔬菜的市场需求越来越大，设施大棚蔬菜产业也得到蓬勃发展。但我国设施大棚蔬菜栽培技术存在的问题扯了设施大棚蔬菜产业发展的后腿，对农产品质量安全造成了威胁。只有真正解决设施大棚蔬菜栽培技术存在的问题，才能更好地为农产品质量安全保驾护航。

第四节　大棚蔬菜高产高效栽培关键技术

我国蔬菜栽培过程中普遍应用大棚技术，在提高蔬菜产量与质量方面发挥着重要作用。大棚蔬菜高产高效栽培时合理利用要点，控制和各环节优势，改善传统蔬菜栽培技术的不足。文中联系实际情况，分析做好大棚蔬菜高产高效栽培技术的措施。

蔬菜大棚技术应用时，要选择合适的技术控制措施，发挥大棚技术的优势，实现蔬菜高效高产，提高菜农种植效益。具体应用大棚蔬菜技术时，要结合当地实际，及时调整技术流程，改善传统蔬菜种植技术的不足，提升蔬菜产量与质量，本节就此展开论述。

一、大棚蔬菜高产高效栽培技术准备

（一）选择合适棚型

依据当地实际情况选择棚型，如部分地区存在强风、暴雪等恶劣天气，可以选择加固型钢架大棚，棚顶不存在拉杆或"V"字形拉杆，大棚两侧不使用压膜槽，利用压膜线压膜处理两钢架之间，提高压膜紧张度，延长棚膜使用寿命。如果出现强风天气，应该及时将大棚关闭，出现暴雪时及时清扫棚顶。

（二）通风口的改造

将一整块膜覆盖的方式改成三块膜组合覆盖，即顶膜、两侧裙膜，通常裙膜高度为1m，将原地面处通风口改成棚侧裙膜与顶膜连接处通风，提高缓冲高度，避免骤冷空气出现对蔬菜产生损伤。夏秋季可以将裙膜撤除，将全部覆盖的大棚变成仅有顶部覆盖的遮雨棚。

（三）其他处理措施

使用新型高保温长寿无滴膜作为外层棚膜，并保证透光率在80%以上，满足大棚内蔬菜生长的需求；利用遮阳网降低光照射、温度，避免暴雨冲刷情况，实现保温防旱，遮阳网可以直接覆盖在塑料大棚的骨架上，也可以根据实际情况覆盖在塑料薄膜上。此外，合理使用防虫网进行大棚蔬菜种植。

二、大棚蔬菜高产高效栽培技术要点

（一）种子选择与处理

大棚蔬菜的生长质量与品种直接相关，因此对于种子的选择应该重视产量高、抗病性能好、耐贮存等特点。在选择好种子以后，应该对种子进行正确的处理，首先晒种处理，经过杀菌处理后选择外形美观、颗粒饱满的种子，同时及时消除种子中的杂质，保证种子的发芽率。第二，种子的消毒处理，在温水浸泡以后，使用低毒、高效的农药对种子进行处理，使农药包裹种子，有效减少种子中虫卵基数，有效避免对种子的侵害。

（二）科学种植与轮换

具体可以采用轮作、换茬等方式改善土壤的利用率，从而增加大棚蔬菜品种的多样性，降低自然灾害对蔬菜的影响，提高蔬菜的抗病虫害能力。在种植过程中需要注意的是合理密植，蔬菜植株的密度应该跟蔬菜的品种和生长情况相一致，为保证大棚蔬菜的通风和透光，应该避免密植。在栽培过程中需要重视对新兴栽培技术的应用，做好水肥控制，加强光照管理。

（三）综合防治技术

由于大棚内经常处于高温、高湿、寡照、郁闭状态，易导致病虫害发生早、蔓延快、危害大，应按治早、治小、治了的原则，采用综合防治技术治理。可选用抗逆品种，培育适龄壮苗，合理轮作换茬，科学调控棚内温湿度，施用有机肥，加强肥水协调管理，科学使用地膜、遮阳网、防虫网，科学使用农药，尽量少用水剂，多用粉尘和烟雾剂，杜绝使用剧毒和在蔬菜上禁用的农药，推广使用高效低毒、低残留农药。

（四）其他防治措施

防虫网隔离技术的应用。大棚蔬菜防虫网是人工构件的一种隔离屏障，可以及时将害虫阻挡在网外，从而有效减少害虫对蔬菜的影响。这种措施也是近年来常用的一种栽培措施，在生产时无须农药，可以有效减少污染，生产出来的蔬菜在农药残留以及影响价值方面都具有优势。在蔬菜的生长周期内通过覆盖防虫网可以有效消除菜青虫、棉铃虫、小菜蛾等害虫的危害，控制病毒传播，还能保护天敌。通过这种方式还能物理调节气温、地温、遮光等。

灯光诱杀。利用物理设备频振式杀虫灯可以有效诱杀多种无公害的害虫，这主要是利用害虫的趋光性特点，通过将光波设定在一定的范围内，辅助使用颜色和气味诱杀害虫，还能有效降低害虫在夜间的繁殖速度。在夏秋季节通过使用灯光诱杀可以起到较高的效果，这种措施在施行过程中可以减少农药的使用以及对环境的污染，完全符合大棚蔬菜的种植要求。同时这种方式由于省时省力，成本投入较小，因此可以产生明显的生态效益和社会效益。

化学防治技术的应用。大棚蔬菜对于农药的残留量有明确的规定，因此在栽培大棚蔬菜的过程中，需要重视农药的使用量，尽量使用低毒、高效的产品，有效避免蔬菜质量的降低。对于农药的使用应该尽量轮换使用，也可以使用不用机制的农药配比使用，从而扩大治疗范围，延缓抗药性等。对于化学防治技术的应用，应该大力研究无毒低害的产品。杂使用过程中应该使用喷雾技术，技能起到省工、省药、省时的效果，同时还能减少大棚蔬菜中的农药残留，降低对环境的影响。

大棚蔬菜栽培技术应用时，要考虑的种植地实际情况，做好病虫害防治措施，避免病虫害蔓延对蔬菜产量产生影响。蔬菜种植户依据蔬菜品种，选择合适的栽培技术方法，全面发挥大棚蔬菜栽培技术的优势，大幅度提高蔬菜品质与产量。

第五节　蔬菜大棚种植反季节栽培技术

对于人们的日常生活来说，蔬菜这种食物必不可少，可以说是一年四季都要保质保量供给的食品。为了让人们的蔬菜供应需求得到满足，国家和地方政府对于人民的菜篮子工程是非常重视的。在整个菜篮子工程体系当中，为了在冬季、春季也能保证蔬菜供应，就需要对反季蔬菜的问题给予足够的重视，针对种植技术的应用进行细致分析和研究，这样就可以让蔬菜质量和产量不断提高，让其更好地适应于人们的消费实际需求。首先主要分析了反季节大棚种植的意义，之后总结了一些技术要点，希望可以给相关工作的开展提供一些参考。

经过一定的物理手段和化学手段来改变蔬菜大棚内的自然条件，消除对植物生长发育的不利因素，来让其生长环境得到优化，这样的技术就叫反季节种植。反季节种植技术所调节的因素大多为温度、湿度以及光照，可以保证全年均为植物生长的适宜期，并且无污染、无公害，现在已经成为一种常用的蔬菜栽种的技术。蔬菜大鹏反季节栽培技术可以适应于北方地区在冬季的供应需要，现在已经得到了人们的广泛重视。本节针对蔬菜大棚种植反季节栽培技术的相关问题进行了简要分析，希望可以给相关工作的开展提供一些参考。

一、反季节大棚内蔬菜种植技术的重要性

保证蔬菜的供应。我国北方地区冬季气候寒冷，蔬菜在冬季也就不能充足的保证供应。在过去，人们产生了秋收冬藏的习惯，经常在秋季储存大量蔬菜，虽然可以让基本的温饱问题得到解决，但是也会影响到人们的正常饮食，在这种情况下，人们的膳食结构是非常不健康的。但是反季节大棚的出现让这个问题得到了解决，实现了蔬菜的全年共能赢，在淡季也可以栽培、供应蔬菜，这不仅可以有效改善人们的饮食结构问题，同时也避免由于南菜北运给铁路运输系统所产生的压力，对小康社会的全面建设而言，都是非常有利的。

保证蔬菜产奶量。和露天种植的蔬菜不同，反季节大棚可以提供合理的生长环境，将温度和湿度调节到最适宜植物生长的水平，同时也可以避免农药的施放，减少了二氧化碳的流失问题，大大改善了蔬菜的生长条件。与此同时，反季节蔬菜技术也可以避免传统蔬菜种植中所存在的病虫害问题，保证蔬菜种植的绿色化，让蔬菜产量和质量都得到保证。

保证我国菜篮子工程的顺利开展。为了解决蔬菜供应问题、提高农民的收入水平，菜篮子工程一经提出就得到了社会各界的重视，在整个菜篮子工程当中，反季节大棚蔬菜都是非常重要的组成部分，其可以大大扩大蔬菜的种植规模和自动化水平，对我国种植业的发展建设而言是非常有利的。从另一方面来看，反季节大棚蔬菜的种植对于市场供应的需求而言是非常有利的，有效调节市场价格，保证农业的稳定发展。

二、关于选址和土壤配备

大棚选址。对于反季节蔬菜种植来说，大棚地址选择非常关键，正常来说都要选择土壤较为肥沃的地区，同时地质条件也要给蔬菜的生长提供足够的条件，否则即便大棚兴建完毕，也会因为无法达到使用需求而进行搬迁，这会产生一定的经济成本。土壤环境固然重要，同时也要保证具有足够的光照，我国北方地区冬季十分寒冷，所以要保证基本的光照条件，仅有半面受光或无受光的话，必然会导致其产量受到影响。出于种植中相关问题的考量来看，我们也应当在大棚周围设置必要的标识，避免出现人为丢弃废弃物等问题。

土壤的调配问题。大棚兴建地址选择完毕后，也要结合实际情况来调整大棚内的土壤。不同的蔬菜种类其对于土壤有着不同的需求，所以应当结合实际情况调整。反季节蔬菜的种植对于土壤的要求非常严格，所以合理调配土壤非常重要，确保土壤中有足够的养分，肥沃的土壤可以让蔬菜的生长得到保证，但具体的调配方法也要结合蔬菜的品种来进行调整。

三、合理选种

在大棚蔬菜种植的过程中，做好选种可以说是重中之重，首先需要确保选种能够适应于市场的需求，选择市场缺口较大的品种来进行栽种，经过一定的预测，就可以进行种植，保证其具有良好的销路。从另一方面来看所选品种也要具备足够的抗病虫害能力，同时也要注意，在种植有机蔬菜时，不可选择经过化学药剂处理过的种子。总结起来，选种的过程中，需要注意市场需求以及当地的实际环境。

四、关于施肥管理和生长期管理

施肥是为了保证蔬菜质量和产量的必要环节，施肥应当结合所种植的品种来选择肥料类型和用量，童年时掌握施肥时间，确保各种营养可满足于蔬菜生长的需求，必要时可以结合蔬菜的生长情况来计算施肥量。比如在大棚当中，其包含的氮磷钾等营养成分应当符合于蔬菜生长所需的含量，同时还要适当使用微量元素，这样才能让肥料发挥出最好的效果。在种植的过程中，为了避免公害，应当杜绝使用含氯肥料，之后结合蔬菜生长情况和发育部位来选取肥料。

同时为了保证蔬菜的成长，让产量质量得到保障，生长期管理也是一项非常重要的工作。这就需要引入新的管理理念和管理方法。一方面维持大棚通风，做好保湿和清洁工作。在播种之前，应高温闷棚，并且结合需要开展杀菌，避免病虫害的相关问题。在消毒完毕后利用光照继续升高内部温度。正常情况下，在闷棚达到 7 天之后，简要多菌灵来喷洒土壤，起到灭菌效果。除此之外，蔬菜种植之前也要处理好土壤的肥力，肥料有一定的腐熟性，避免出现烧根的问题。常见的有机肥有猪粪、土杂粪等等，之后将肥料湿润堆积后，腐熟完毕即可使用。在成长期，也要进行必要的通风，避免采用化学药剂，尽量让蔬菜在自然状态下发育。

五、灌溉技术

不同的蔬菜作物自身对于土壤湿度是不同的，举例来说，西红柿和丝瓜抗旱性能较强，对于这种植物，根系应当深入到地层当中，同时减少灌水总量。相对应地，芹菜和花椰菜作物的根系较浅，所以应当保持土壤湿润，对灌溉次数和灌溉总量进行适当调整。同种植株在不同的生长期对于土壤的湿度也具有比较高的要求，一般蔬菜的苗期根系具有较弱的吸水能力，此时对大棚土壤湿度具有较高要求；在蔬菜发棵期阶段，为了促进西红柿根系的发展，需要注意控制用水量；而在蔬菜结果期阶段，不可施用过多的用水，确保表层土的湿度可以满足蔬菜的生长需求。另外，鉴于不同大棚的规模及种类各不相同，此时需要结合大棚的实际情况来合理确定灌水的温度、用量、湿度和方法，尽量将其控制在 20 ~ 25℃，否则如果灌溉水温度高于28℃的时候，会对蔬菜等植物的根系造成损伤，引起了蔬菜病害问题。

六、主要病虫害防治技术

北方反季节大棚蔬菜种植技术，病虫害防治也是关键的一部分，必须要做好以下几点。

药物防治。大棚地块长期种植同种农作物，土壤的免疫力比较低，疑难的病虫害一般不发生，一旦发生就会迅速波及整个大棚的蔬菜，此时可以按照国家的相关规定喷洒农药，防治病虫害扩散。另外，还要在选种期间采取一些病虫预防措施，如用适宜浓度的高锰酸钾进行杀菌、杀虫卵处理，但是有机蔬菜不宜采用此方式。

生物、物理防治。生物、物理防治适用于大棚蔬菜种植，同样还可用于有机蔬菜病虫害防治。首先，定期给大棚进行通风，防止因高温带来的细菌滋生；在大棚内安置杀虫灯，吸引飞蛾等吸光害虫，在幼虫期可将其杀死；喷洒碱性无毒物质，破坏细菌生长条件。

生态种植。北方反季节蔬菜种植可以借鉴"稻田鱼"的原理，进行生态种植，建立一个养殖的生态循环，对于病虫害的防治非常有效。同时，也提升了蔬菜生长的生态水平。比如在大棚中饲养青蛙、蚯蚓等，它们是害虫的天敌，不仅可以消灭害虫，还可以提升土壤肥力与土地利用率。

经过前文总结，我们不难发现，为了满足我国北方地区在冬季的蔬菜供应需求，北方反季大棚蔬菜种植技术非常重要，其会直接决定蔬菜的质量和产量情况。所以我们应当从各项技术入手，无论是选种还是而生长管理和病虫害防治，都应当严格控制，将其中每个细节都做好，这样才能保证蔬菜的正常生长，让其产量和质量得到保障。在这个问题上，地方政府也要给予一定政策倾斜，例如投入技术和资金，保证种植力度，这样一方面可以让人们的蔬菜需求得到保证，同时也可以提高农民收入，为解决三农问题助力。

第六节　蔬菜种植空闲期的大棚栽培草菇技术

在夏季蔬菜生产空闲期利用大棚栽培草菇，不仅可提高土地利用率，增加农民的经济收入，还可将草菇采收后留下的菇料腐熟后施入大田，改善土壤结构和理化性状，培肥地力，有利于下茬农作物的生长。该文从栽培时间、栽培料准备、整地筑垄、播种、田间管理、病害防治、采收等方面介绍了临沂平邑地区大棚栽培草菇技术。

大棚设施为蔬菜生长提供了适宜的环境条件，但由于多年重茬种植，设施内土壤板结、土质酸化，连作障碍严重，严重影响了蔬菜的产量和品质。改良土壤、培肥地力是提高蔬菜产量和品质的有效途径。经过多年生产实践，我们发现在夏季蔬菜生产空闲期利用大棚栽培草菇，不仅可提高土地利用率，增加农民的经济收入，还可将草菇采收后留下的菇料腐熟后施入大田，改善土壤结构和理化性状，培肥地力，有利于下茬农作物的生长。现将夏季大棚栽培草菇的技术介绍如下。

一、栽培季节

草菇属喜高温高湿、草腐性菇类，菌丝生长适宜温度 28 ～ 35℃，出菇适宜温度 30 ～ 35℃。温度变化频繁或温差大，不利于草菇的生长发育。山东临沂平邑地区大棚栽培草菇的适宜时间为每年的 6 月 20 日～ 8 月 25 日。

二、栽培料准备

草菇生产的原料大多取自农作物栽培的副产品。以棉籽壳为主料栽培的草菇产量较高，秸秆次之，辅料有麸皮、米糠、玉米粉等。临沂平邑地区大棚草菇栽培一般以玉米芯为主料，麸皮、豆粕、鲜鸡粪为辅料。选择优质、无霉变的玉米芯，暴晒 4 d 后即可入池（或铺有塑料布的沟）浸泡。将玉米芯分层放置在池内，每隔 30 cm 厚撒施 1 cm 厚生石灰，如此重复，物料放至离池上沿 20 cm 为止，将浸泡池灌满水。玉米芯浸泡 7 d 后检查其髓部，如髓部已吸足水分且呈黄色时，表明浸泡过程完成。玉米芯与生石灰的质量比为 2：1，一般用量玉米芯 4 500 kg/667 m²、生石灰 2 250 kg/667 m²。

三、整地筑垄

均匀撒施鸡粪 10 m3/667 m²，旋耕整平，随后闷棚 2 d、通风 1 d。整地筑畦，畦宽 80 cm，畦间距 50 cm。将浸泡后的玉米芯捞出铺在畦面上，堆放成弧形垄，根据气温情况掌握铺设厚度，一般为 25 ～ 40 cm，垄边沿厚 9 cm 左右。气温低铺得厚一些，气温高铺得薄一些。栽培垄做好后大水漫灌，棚内灌足水。大棚外均匀喷洒敌敌畏和多菌灵 1 000 倍混合液，大棚内用甲醛、高锰酸钾熏蒸消毒，密闭 30 min 后通风换气。播种工具用 3% 高锰酸钾溶液消毒。

四、播种

栽培料温度稳定在 35 ～ 38℃时即可播草菇菌种。撒播，栽培菌种用量 1 ～ 1.5 袋/m²。将栽培种、豆粕、石灰、玉米粉按 3：4：1：2 比例混合均匀后撒在玉米芯垄上，用木板拍实。用铁锨将畦间湿土均匀覆盖在栽培垄上，厚度为 1 ～ 1.5 cm，使玉米芯不外露，畦间形成宽 45 cm、深 20 ~ 30 cm 的行间沟。畦面喷洒敌敌畏和多菌灵 1 000 倍混合液进行灭菌杀虫。

五、田间管理

草菇为速生型食用菌，播种到采收时间短，田间管理要求较高，应及时降温增湿、通风遮阳。

（一）温度

播种后，畦面覆盖薄膜，根据料温及时揭盖薄膜，子实体形成前撤除薄膜，保持料温为 35 ~ 38℃、棚内气温 33℃左右。料温过高（超过 40℃）或过低（低于 25℃），可采取行间灌水、喷雾、调节通风量、卷放棉被等措施调节，保证菌丝正常生长。草菇进入子实体形成期，保持料温 30℃左右、棚内温度 28 ~ 32℃。

（二）湿度

培养料湿度保持 70% 左右；菌丝生长期的空气湿度保持 80% ~ 85%，子实体形成期提高至 85% ~ 95%。因通风造成湿度不够，可通过沟灌、喷雾等措施增加湿度。喷雾时勤喷少喷，不可将水直接喷到菌蕾上，间隔喷施 1% 石灰水上清液。

（三）通风

菌丝生长阶段每天中午通风 1 次，子实体生长期每天通风 2 ~ 3 次，每次 15 ~ 20 min，以后逐渐延长通风时间。见到小菇蕾后，通风并增加喷雾次数，保持湿度。

（四）光照

草菇在无光的条件下可正常生长，能见散射光，不能让阳光照射进大棚。菌丝生长期，用棉被覆盖大棚进行避光管理；子实体形成期逐渐增加光照，提供充足的散射光，促发菇蕾。上午打开大棚西侧棚膜缝隙进行通风降温，中午气温高要盖严棉被，下午打开东侧通风口进行通风，低温阴天应适当卷起棉被透光，提高棚温。

六、病害防治

棚内高温高湿环境易滋生绿霉、鬼伞等杂菌。（1）鬼伞：培养料过湿过酸、通气不良时易发生，可用 5% 石灰水进行局部消毒。菌床上一长出鬼伞应立即摘除，并带出菇房掩埋或烧毁，不可等到鬼伞菌盖潮解后摘除。（2）绿霉菌：可用高效绿霉净 10 g 兑水 10 kg 喷雾防治。（3）石膏状霉菌：可喷洒二氯异氰尿酸钠消毒粉溶液防治。

七、适时采收

草菇子实体形成后 5 d 即可采摘。菇体充分发育、饱满光滑、顶部稍尖的宝塔形变为卵形、手捏略感变软、颜色由深变浅、包膜未破裂、菌盖和菌柄没有伸出时为采收适期。采收时，一手按住栽培基质，一手轻轻拧下子实体，不要损伤周围幼小菇蕾，采大留小，让小菇蕾继续生长。采收 1 茬后，及时整理料面，去除采收后残留的老化菌丝和菇蒂，喷施 1% 石灰水上清液，调控好温湿度，促进二茬菇生长。

第七节 冬季大棚蔬菜要高产栽培的管理技术

冬季种植反季节蔬菜的技术要求较高，需要克服气温低、光照时间短且强度低、大棚环境较为封闭等困难。菜农如想使反季节蔬菜维系较好的生长状态，想要提高蔬菜的产量与品质，就必须掌握必要的冬季棚室蔬菜栽培管理技术。下文将从抗寒保温、水分管理、光照管理、通风控温四个方面介绍冬季棚室蔬菜栽培管理技术。

一、棚室内种植蔬菜的保温防冻管理

使用大棚种植蔬菜时，最适宜的棚室温度为：昼间 25 ~ 28℃，夜间 15 ~ 18℃。在诸多影响蔬菜生长的因素中，温度因素的影响最大——温度过高时，蔬菜的茎叶容易发育过旺，出现徒长现象；温度过低时，蔬菜容易缓苗；昼夜温差大时，则会对蔬菜的开花结果产生负面影响；因此，想要使蔬菜处于理想的生长状态，保证大棚蔬菜的成品质量，种植人员应采用如下手段调节大棚的问题，确保大棚内温度适合蔬菜的生长：

（一）采用多层覆膜法，减少大棚热量损失

相关资料表明，冬季反季节蔬菜所需的气温应当高于 12℃。种植人员应对棚内温度进行检测，发现温度低于 12℃时，需要就是增温。目前给大棚增温的方法主要有三种：一是给大棚顶层覆膜，每多增加一层膜，大棚内部的温度便会提升 2 ~ 4℃；二是给地面覆膜，可以是大棚内的土温提升 1 ~ 2℃；三是在大棚内部使用竹竿和水泥柱搭建小型拱棚，同样可以达到上述提温效果。番茄、茄子这类对温度要求较高的作物均可以采用上述覆膜方法。

（二）晚揭早盖，保持充足热量

晚揭指的是在上午稍晚时候揭开棚顶的覆盖物，使棚内能够获得充分的光照以存储热量；下午揭盖前，应确保棚内温度在 20 ~ 22℃之间，以便棚室内能够存储适用于蔬菜过夜的热量。无论上午揭盖还是下午揭盖，都应保证棚内温度不会在揭盖后下降。即使在阴雨天时，也应正常揭开覆盖物以保证充足的棚内光照，但是遇到降雪天气或者极端恶劣天气时，可不揭开覆盖物。

二、补水的同时注意控温控湿

在冬季给大棚内的蔬菜浇水时，需要注意冬季温度与湿度的特殊性。如果疏忽大意，可能会导致棚内出现低温度低湿度或者高温度高湿度的小环境，不利于反季节蔬菜的生长，甚至会使蔬菜在生长过程中出现沤根、烂根以及病虫害的情况。

冬季大棚浇水作业的频率与时间，取决于当日的天气与苗情，并且应当注意浇水的方式。只有两个阶段给予植株充分的水分：一是在播种之前和定植之后，需要浇透底水；二是缓苗期间，要给予植株充分的缓苗水；除此之外，浇水量仅保证蔬菜的水分需求即可。过多的水分会导致棚内的土温降低，同时会增大棚内湿度。种植人员需掌握每日最佳的浇水时间，一般是上午 10 点到 12 点之间，最迟不超过 14：00 ~ 15：00 点。浇水作业完成后，应立即关闭大棚，确保土壤的温度能够在获得灌溉后快速回升至理想温度。在湿度方面，作业人员还应及时将浇水产生的湿气排放至室外，避免湿度过大影响蔬菜生长。

三、冬季温室大棚蔬菜的放风管理

除了保持适宜蔬菜生长的温度，还应保持大棚的通风。种植人员在进行通风作业时，应当做到"晚通风，早盖棚"，并坚持如下原则：(1) 闭棚期间，棚内的温度上限应为 30 ~ 32℃；通风期间，棚内温度的下限应为 15℃。下午棚室的温度下降至 18 ~ 20℃左右时，应当立即关闭棚室，同时进行保温作业。总而言之，最适宜蔬菜生长的温度是：昼间 26 ~ 28℃，夜间 15 ~ 18℃，通风和避棚期间的温度都应保持在此区间内，以达到最佳的光合作用效果。就通风时间而言，白天应在揭盖起 1h 后进行通风作业，具体开始时间约为上午 10 时 30 分至 11 时，结束时间约为下午 14 时。

四、冬季棚室大棚蔬菜的采光与补光管理

充足的光照，是蔬菜达到优良成品质量的必要条件。但是，冬季太阳高度角低，白昼时间较短，阴雨天气较多，极易导致大棚内出现采光不充分的问题，进而影响蔬菜的出品。种植者应通过如下手段，增加大棚内的光照：

（一）搭建无滴膜棚室

普通塑料薄膜透光性较差，导致棚内蔬菜在冬季获得的光照更少。与此同时，棚室湿度大，水汽在棚膜处遇冷易凝结成较大的水珠，并且不容易流落，较多的水珠聚集在一起，会进一步降低大棚的采光率。相反，无滴膜透光率更高，同时不易凝结水珠，从而大幅度提升了大棚的透光率，有利于蔬菜进行光合作用。此外，塑料大棚容易产生静电，会吸附棚内悬浮的灰尘等，从而降低棚膜的透光率。所以种植者应当及时清理棚膜，保持棚膜的洁净，从而保证蔬菜生长所需的透光率。

（二）在后墙悬挂反光膜

冬季的太阳光照角度有限，无法覆盖大棚内所有的植株。因此，种植者可以在大棚的后墙悬挂反光膜，利用反光膜的漫反射作用，增加光照的覆盖面积，提升室内的光照亮度。通常情况下，棚室北侧的植被受到的光照要少于南侧植被。借助反光膜，棚室内所有植被都能接收到充分的阳光，从而达到最好的光合作用效果。

（三）适当坚持"早揭晚盖"的原则

"早揭晚盖"的目的，既是为了保证大棚内有足够的光照适宜蔬菜的生长，也是为了防止棚内温度过高或者过低。冬季维护大棚时，如果天气正常，种植人员应在日出后0.5 ~ 1h 时间内揭开棚顶的覆盖物。重新盖回覆盖物的时间，应为下午 15：30 左右，此时棚内的温度已下降至 20℃ 上下，或者选在日落前 1h 左右。大棚管理人员应坚持"早揭晚盖"，即使在阴雨天时，也应正常揭开覆盖物以保证充足的棚内光照，但是遇到降雪天气或者极端恶劣天气时，可不揭开覆盖物。

第七章　盆栽蔬菜栽培技术

第一节　盆栽观赏蔬菜栽培管理技术

盆栽蔬菜可放在室内、阳台或庭院，色泽艳丽，外形优美，既可美化环境、净化空气，又可增加生活情趣，具有食用性和观赏性双重作用。随着家庭生活水平的不断提高，盆栽蔬菜越来越受到人们的喜爱。本节着重介绍温室大棚种植盆栽观赏蔬菜的品种选择、栽培管理及病虫害防治等方面的技术内容。

观光农业是近十几年迅速发展起来的一种新型生态旅游业。温室大棚作为现代观光农业的展示窗口，与农业观光旅游、本地区及邻近地区学生学农活动相结合，产生显著的经济和社会效益。佛山市农业科学研究所于 2010 年开始利用温室、大棚种植盆栽观赏蔬菜进行推广，以吸引更多市民学习农业知识，了解农产品的生长过程，在全社会形成热爱农业、关心农业、重视农业的良好氛围，给市民旅游观光、科普学习以及休闲娱乐增添好去处。

一、盆栽观赏蔬菜品种选择

观赏蔬菜是一种既可观赏又可食用的蔬菜，它集食用性、观赏性、观光、绿化为一体，突破了蔬菜只能食用这一传统观念；盆栽蔬菜用于室内外布置，美化环境，净化空气，增加生活情趣，有着很高的经济、社会、生态效益。根据观赏部位不同分为观叶类、观花类、观果类、观根类。

（一）观叶蔬菜

主要品种有红晶生菜、绿晶生菜、红叶甜菜、羽衣甘蓝、罗勒、葱蒜类、芫荽、大叶车前草、紫背菜、人参叶、木耳菜、番薯叶、四季通菜等特菜类。

（二）观花蔬菜

黄秋葵、红秋葵、紫色菜花、金色菜花、花生等。

（三）观果蔬菜

为主要栽培品种，包括各种观赏朝天椒、五色圆椒及新奇特品种辣椒；北方紫圆茄、绿圆茄、彩茄、鸡蛋茄、玫瑰茄；各色樱桃番茄、珍珠番茄、矮生盆栽番茄；荷兰小青瓜、珍珠苦瓜、红皮南瓜及各种观赏小南瓜、葫芦等。

（四）观根蔬菜

樱桃萝卜、京红四号萝卜等。

二、盆栽器具和营养土准备

栽培容器首先要求质地坚固、容纳营养土多、透气性好，有利于蔬菜的生长和发育；其次挪动和摆设方便，艺术效果好。选择大小适宜的花盆，可选择塑料花盆、陶瓷瓦盆、木盆等。根据品种、造型、造景要求选择规格。营养土选用原则是必须清洁，经彻底消毒，无病虫害，可选用草炭、蛭石、珍珠岩、蘑菇棒、河沙、塘泥等。经多年实践经验表明将塘泥、粗椰糠、泥炭土以 5：3：2 的比例充分混合效果较好；1 m³ 营养土加 3 kg 过磷酸钙、15-15-15 复合肥 1.5 kg、50% 多菌灵粉剂 250 g 拌匀，装盆至八分满备用。

三、种植安排

根据每种蔬菜的生物学特性，合理安排适宜的播种期、移栽期，提早或推迟种植都会影响观赏效果。一般茄果类、瓜类、秋葵等春季 1～3 月、秋季 7～8 月播种，育苗盆育苗，2～6 片真叶移栽；甘蓝类春季 12 月到翌年 1 月、秋季 7～8 月播种，育苗盆育苗，4～6 片真叶移栽；其他作物根据生长期、观赏期适时播种；多年生作物和大盆栽作物春季种植，可供观赏。

四、合理安排布置

①适时调节温湿度各种蔬菜都有生长发育最适温度，夏天尽量打开大棚窗户，加强通风；11：00～15：00 时开启棚顶外遮阳网，通过遮光降低棚内的温度；在高温高湿时开启抽风机，增加空气流动，可显著降低棚内的温、湿度；当棚内温度超过 33℃，向棚顶喷水，快速降低棚内温度。秋冬季当气温降至 20℃ 以下关闭门窗，尽量保持棚内温度。

②光照蔬菜的光合作用与外界光照的强度有关，不同蔬菜对光照强度有不同的要求，光照不足时，强光照观果作物不易转色，影响观赏效果；光照过强时，影响弱光照作物的生长发育，因此合理安排各种作物分布尤为重要。强光照作物如番茄、茄子、瓜类等安排在棚内光照最强的位置，如南面和西面；中光照作物如叶菜类、甘蓝类、萝卜、花生等安排在强光照作物周围；弱光照作物适宜安排在棚内光照时间最短的区域。

五、及时修整、造型

很多观赏蔬菜枝繁叶茂，枝蔓柔软易折，盆内营养土少且疏松，不能承受自身的重量，容易倒伏，影响观赏效果，必须及时立柱搭架固定。根据品种及造型、造景要求进行立柱搭架，大型盆景预先打造铁架，小盆景用竹竿固定，叶菜、甘蓝、萝卜类用小泥块扶正固定；茄果类通过扭枝、摘叶、打枝等造型。及时摘除老叶、黄叶、病叶，瓜类、茄果类结果后加插竹竿固定，否则果实折断，影响整株美观，失去观赏效果；发现畸形果应立即摘除。

六、科学肥水管理

盆栽蔬菜要求矮小，生长前期一定要控水蹲苗，水分管理以不影响蔬菜的生长发育为原则，同时可以通过植株调整来矮化，必要时用生长调节剂控制植株生长，喷施 15% 多效唑可湿性粉剂 10 000 ~ 15 000 倍液。在施肥上重视"轻氮、重磷钾"的原则，如果施用氮肥过多，盆栽蔬菜特别是观果品种，前期生长过快，株型控制不好而过大，会失去观赏性。幼苗期淋 0.3% ~ 0.5% 复合肥水溶液，移栽后淋 1% ~ 3% 复合肥水溶液 2 ~ 3 次，每隔 5 天 1 次；以后每 7 天施复合肥 1 次；开花结果后施钾、磷肥（复合肥、硫酸钾、过磷酸钙比例为 10 ：1 ：2），每盆施 5 ~ 10 g。

七、病虫害防治

设施栽培一定程度上克服了恶劣的自然条件，使蔬菜可以周年生产，但也为病虫害的发生流行提供了良好条件。对于棚室蔬菜病虫害的防治，应始终贯彻"预防为主，综合防治"的方针，坚持以生物防治、生态防治和物理防治为主，化学药物防治为辅的原则。

（一）大棚消毒

大棚使用前先彻底进行清洁消毒，清除杂草和杂物，保持大棚及周围清洁；用 0.2% 百菌清可湿性粉剂、0.3% 敌敌畏乳油混木糠烟熏，封棚一周；再用 10% 啶虫脒乳油 750 倍液、50% 多菌灵可湿性粉剂 600 倍液喷洒棚内每个角落和棚外 2 m 范围；出入关好棚门，防止外界害虫进入棚内。

（二）选择抗病品种及种子处理

选择适合当地栽培的抗（耐）病虫品种，播种先前进行温汤浸种和药剂处理，减轻由种子传播的病虫害的发生。

（三）加强栽培管理

推广应用配方施肥、滴灌和暗灌技术；改善通风透光条件；根据外界气候变化合理控制棚室内的温度、湿度；注意棚室清洁，及时清除和销毁带病虫的残枝、叶、杂草等。

（四）物理防治和生物防治

利用色板或灯光对害虫进行驱避或诱杀，如用银灰膜避蚜虫、黄板诱杀粉虱、频振灯诱杀飞蛾或者在棚内释放天敌等。

（五）科学合理的药剂防治

①温室内常见病害常见病害有枯萎病、茎腐病、疫病、病毒病、白粉病、霜霉病、炭疽病等。移栽后每隔 7 ~ 10 天淋 72% 农用链霉素可溶性粉剂 1 500 倍液、70% 甲基托布津（甲基硫菌灵）可湿性粉剂 750 倍液、10% 井冈霉素水剂 400 倍液预防枯萎病、茎腐病等根部病害。霜霉病、疫病可用 68% 金雷多米尔·锰锌（精甲霜·锰锌）水分散粒剂 600 ~ 800 倍液、70% 丙森锌（安泰生）可湿性粉剂 800 倍液防治；病毒病预防为主，可以喷施 0.5% 香菇多糖水剂 600 倍液提高作物抵抗力，并注意对蚜虫、蓟马和烟粉虱等媒介害虫的防治；白粉病可选用 30% 醚菌、啶酰菌悬浮剂 1 500 倍液、10% 苯醚甲环唑水分散粒剂 1 500 倍液或 25% 吡唑醚菌酯乳油 2 000 倍液喷施；炭疽病喷 10% 苯醚甲环唑水粉散粒剂 800 ~ 1 000 倍液等防治。

②温室内常见虫害有烟粉虱、蓟马、蚜虫、茶黄螨、红蜘蛛、斑潜蝇、小菜蛾、菜青虫等。烟粉虱在零星发现时及时用药防治，可喷施 10% 吡虫啉可湿性粉剂、3% 啶虫脒乳油、240 g/L 螺虫乙酯悬浮剂 1 500 倍液等，3 ~ 5 天喷 1 次，连续防治 2 ~ 3 次；茶黄螨、红蜘蛛喷 10% 阿维·哒螨灵乳油 2 000 倍液或 73% 炔螨特乳油 2 000 ~ 3 000 倍液，交替使用；美洲斑潜蝇喷施 98% 灭蝇胺可湿性粉剂 1 500 倍液；蚜虫喷 10% 吡虫啉可湿性粉剂 1 500 倍液或 3% 啶虫脒乳油 1 500 倍液；蓟马、小菜蛾、菜青虫喷 0.5% 甲维盐乳油 1 000 倍液或 60 g/L 乙基多杀菌素悬浮剂 1 000 倍液。

第二节　蕺菜仿野生栽培技术

通过蕺菜的仿野生栽培，总结提出仿野生蕺菜栽培技术，指导蕺菜仿野生栽培，生产优质的蕺菜产品，提高膳食安全。充分利用资源，实施庭院栽培与林下种植。

蕺菜 (Houttuynia ordata Thunb.) 别名蕺儿菜、蕺耳根、截儿根、折耳根等，全株有鱼腥味，故又称鱼腥草。蕺菜为三白草科蕺菜属多年生草本植物。蕺菜嫩根、嫩茎叶营养丰富，全株均可食用，以地上嫩茎叶或地下茎凉拌生食为主，也可煎炒、炖汤或腌渍等。同时具有清热解毒、化痰排脓消痈、利尿消肿通淋、健胃消食等功效，味辛，性微寒，全株可鲜用或晒干入药。蕺菜是一种药食兼用植物，具有很高的药用价值和食用价值，富含碳水化合物、膳食纤维、维生素、钙、磷等多种人体有益的物质，已成为一种药食兼用的保健蔬菜，深受广大消费者青睐。

野生蕺菜由于过度采集，目前资源匮乏，为了保护和恢复野生资源，尽可能减少对野生资源的破坏，对蕺菜进行仿野生栽培，提高蕺菜产品质量，推动农业生产向安全、健康、生态、环保的方向发展。人工栽培蕺菜由野生转化，植株生长健壮，抗病虫能力极强，在生产中基本不需进行病虫害防治，为蕺菜的仿野生栽培提供先决条件。

一、地块选择

在我国长江流域及以南各省均有野生分布，多生于田埂、阴湿水边沟边、背阳山地低地草丛中。喜温暖湿润的环境，能在各种土壤中生长，疏松肥沃的中性或微酸性砂质壤土生长较旺盛。耐寒怕霜冻，耐旱耐涝，耐阴性强，忌干旱，怕强光。蕺菜对土壤要求不严格，能在各种土壤中生长，但以疏松肥沃的沙土或沙质壤土生长较为旺盛。应选择保水保肥能力强、有机质含量高、耕层深厚、透气性好、水源充足、排灌方便的平地或缓坡地作为蕺菜仿野生栽培的地块。土壤酸碱度以中性或微酸为宜。

二、整地

选好地块后，冬前深耕 25 厘米以上，晒垡，播种前彻底清除杂草、碎石、瓦砾等杂物，杂草焚烧，细碎土垡，耕翻耙平，做到地块疏松、平整。

三、施肥

蕺菜进行仿野生栽培，不使用化肥，应采用充分腐熟的厩肥作基肥。为蕺菜健壮生长，按 7 000 公斤 / 亩准备肥料，用量的 50% 结合耕翻耙平地块时撒施，与土壤均匀混合，50% 于播种时施用。

四、种茎选择与处理

蕺菜人工栽培一般采用无性繁殖。播种前直接从人工栽培的地块挖取尚未萌芽或萌芽低的根茎，选择节间短而粗壮的根茎作种，剪截成段，长 5 ~ 10 厘米，保留 2 ~ 3 个节为宜，剪截口尽可能选在节间中部，避免损伤茎节而影响萌芽。过长不便于播种，过短将失水干蔫影响萌芽的生长。

五、播种与作畦

蕺菜无明显的种植时期，一年四季均可，一般根茎充分成熟即可种植，但以立春时即根茎萌动前种植较好。蕺菜播种方法主要是条播，栽植沟深约 20 厘米，播幅 10 ~ 15 厘米，行距 15 ~ 20 厘米。具体栽植方法是在平整好的地块依地顺势开沟，播种时将准备的种茎沿栽植沟均匀地撒播于内，种茎间距 2 ~ 3 厘米，避免多段种茎相叠，随即均匀撒施基肥覆盖种茎，然后开下一沟对前一沟进行覆土至平。为方便田间管理，每种植 6 ~ 8 行后空一行留走道自然形成平畦，蕺菜忌旱怕涝，不易作高畦和低畦，平畦面宽 1.5 ~ 2 米。播种量约 300 公斤 / 亩。

六、覆盖

覆盖是蕺菜增产的主要栽培措施之一。播种完毕应及时覆盖，可有效地减少土壤水分蒸发，降低灌溉成本。最好的覆盖物是松针等针叶林落叶，也可用玉米、麦、荞等作物秸秆覆盖，玉米秸秆等粗大的秸秆用铡刀铡细再覆盖。根据覆盖物种类确定覆盖厚度，以覆盖物充分落紧时厚度约3厘米即可。覆盖可明显减小土壤温差，保持土壤湿度，特别是久旱不雨时效果更明显，还可抑制1年生杂草的滋生和蔓延，消除杂草与蕺菜争水、争肥、争气、争光隐患，同时减少土壤淋失，降低土壤板结，增加土壤肥力，补充蕺菜的养分供应。

七、田间管理

（一）除草

出苗后若发现杂草及时拔出，尽量保证田间无杂草。

（二）摘心与去蕾

作蔬菜栽培的蕺菜，收获物主要为地下茎，为减少地上茎叶生长过旺和开花消耗养分，促进地下根茎的生长，应适时进行蕺菜的摘心与去蕾。在旺长初期摘心，抑制徒长，防倒伏，同时促发侧枝，增加叶面积，提高光合效率，促进光合物质向地下根茎转移；去蕾在花蕾饱满而未绽放时进行以减少养分消耗。

（三）注意排灌

蕺菜喜湿怕积水，将覆盖物覆盖完毕时灌透水即可。整个生育期注意及时排水，常保持土壤湿润而畦面不积水为宜。

（四）病虫害防治

蕺菜整个生长期病虫害较少，对生长无碍，不需防治。

八、采收

（一）采收时期

蕺菜为多年生宿根性草本植物，可随时采收。3～5月，苗高约10厘米即可采摘较幼嫩的茎叶；根茎在定植半年以后产量逐渐增加，定植后1周年达最高产，可根据市场需求安排适时采收，一般情况下1年四季均可采收，其中以秋冬季采收较为理想，此时产量高、品质好、营养丰富。采收前割除地上部茎叶，移置腐烂的覆盖物，挖掘根茎后洗净即可加工食用，数量较大者滤干外表水分，用编织袋包装即可上市。

（二）边收边种

采挖时，留地下茎末梢，也可选取粗壮的地下茎或剪截成段，按适宜密度进行定植在地里自然萌芽，定植时可将腐烂的覆盖物作基肥使用。

九、连年管理

每年立春时节于表土层均匀撒施充分腐熟的厩肥，然后覆盖秸秆，加强田间管理，逐年重复。3 年后根据蕺菜长势和病虫害发生情况考虑地块更换。

十、小结

仿野生栽培的蕺菜不施化肥和农药，无残留，属于真正的绿色食品，食用安全，且鱼腥味较浓，接近野生，风味佳。

仿野生栽培的蕺菜较适宜于房前屋后进行庭院栽培，取食方便，可实现自给自足。

实施林下种植，充分利用树荫防强光和落叶覆盖，采收地下根茎的同时进行林园翻土。结合退耕还林，可以合理安排林木种类与密度，实施林下规模化种植。

第三节　盆栽蔬菜栽培技术改革

盆栽蔬菜是供人观赏和采摘的蔬菜，可满足消费者对蔬菜求新、求异的需求。本节从盆栽蔬菜的条件、品种、栽培技术及病虫害防治等方面进行了总结。

盆栽蔬菜是指在花盆或其他容器内种植、供人观赏和采摘的蔬菜。满足消费者对蔬菜求新、求异的需求。

一、栽培盆栽蔬菜应具备的条件

种植盆栽蔬菜应在温室、塑料大棚等保护地内进行，并且风口和门口要用防虫网封严。要具备微喷或自来水浇水设施。盆的选择以胶盆为佳，并且带有底碟，防止淋水时渗出影响环境及观赏效果，也可选择塑料花盆、泥瓦盆或木盆，特别名贵的品种还可选用紫砂盆和彩釉陶瓷盆，盆栽韭菜可选用泡沫箱，花盆选购应根据需要大小、材质适宜。

在基质选择、肥料和农药选用方面要遵循以下原则：①使用的基质必须清洁，彻底消毒，营养全面，无病虫害。一般选用草炭、蛭石、珍珠岩、蘑菇废料、洁净的河沙做基质。②尽量少用或不用化学肥料，较多地使用如麻渣、花生饼等有机肥，亦可用发酵菌堆制以牛羊粪为主要原料的充分腐熟的有机肥。③允许使用某些微生物，如具有固氮、解磷作用的根瘤菌、光合细菌和溶磷菌，通过这些有益菌的活动来促进蔬菜对养分的充分利用。④尽量少使用或不用化学农药，多使用植物性、矿物性的生物农药来防治病虫害。

二、选用适合盆栽的作物和品种

观果类蔬菜。彩色甜椒、矮生番茄、樱桃番茄、硬果番茄、观赏茄子、小型辣椒、袖珍西瓜及各种南瓜、甜瓜、西葫芦、黄秋葵、香艳茄等。

彩色蔬菜。红梗叶甜菜、各种生菜、紫背天葵、紫苏、紫落葵、花叶羽衣甘蓝等。

调节适宜的温度、光照和湿度。瓜果类和叶类蔬菜要求温度和湿度不同，要分开种植，并按不同温湿度和光照进行精细化管理。

根茎类蔬菜。球茎茴香、樱桃萝卜、水果苤蓝、芜菁、微型萝卜、胡萝卜等。

三、栽培技术要点

播种育苗。观赏蔬菜品种多数采用营养杯育苗，每杯播 3 ~ 4 粒种子，待长至 2 ~ 3 片真叶时，每杯保留 1 株健壮苗，当幼苗具 4 ~ 5 片真叶时可定植。

苗期管理：观果类的观赏蔬菜，苗期的施肥要全面，保证氮、磷、钾的比例合适，一般在定植后 15 d 开始追施肥，每隔 10 d 左右施 1 次肥，以轻施薄施为主。植株有花蕾时，施肥以勤施薄施为宜，施肥间隔由原来的 10 d 缩短到 6 ~ 7 d。植株开始挂果时，重施肥料，间隔时间可缩短到 5 d 左右，施肥量比原来增加 1 倍，保证果实的发育所需，注意做好整枝整叶、保花保果（部分有观赏价值的畸形果宜保留）。

观叶类的观赏蔬菜，施肥以氮肥为主，在定植后的 7 ~ 10 d，用尿素水溶液淋施，随着植株的生长，每隔 10 d 1 次，轻施薄施，进入叶片生长旺盛期，开始用复合肥水溶液淋施，尽量避免肥液淋在叶片上，间隔时间可缩短到 7 d 左右。

盆栽蔬菜种植注意事项：

安排适宜播种期。按作物生育期长短和消费者需求来安排播种定植期，使种植的品种在节假日和旅游旺季能出售。

及时搭架整枝。盆栽蔬菜不仅要求长势好，还要求美观有艺术性，矮生作物要及时整枝去除黄叶，番茄、瓜果类要用竹木或钢筋搭成各种形状的架，使其攀缘生长。

肥水管理要科学。施用的有机肥要腐熟，没有味，适时浇水和控水，使其根系发达、生长健壮、结果好。

病虫害防治：

观赏蔬菜大都是在保护地或温室间培育的，观果类的辣椒等品种，虫害主要有蚜虫、螨虫和白粉虱，尽量避免使用农药。病害主要是病毒病、炭疽病和疫病，以预防为主，对种子、土壤等进行消毒，根除病源。发病初期，病毒病可用植病灵水剂 500 倍液喷雾防治，炭疽病用 75% 甲基托布津可湿性粉剂 600 倍液喷雾防治，疫病可用 58% 瑞毒霉锰锌可湿性粉剂 500 倍液喷雾防治。

观叶类的蔬菜虫害以蚜虫和斜纹夜蛾为主，病害以软腐病的危害最重，以防为主，选用无病种子，及时清除杂草，剪除病株的染病部分。

第四节　盆栽蓝莓的栽培管理技术

一、盆栽蓝莓苗木购进时间与管理

盆栽苗木，一年四季均可定植，最好时机是在秋季至第二年春季萌芽之前这段时期购进，这一时期的苗木便于运输，管理、定植比较简单。秋季定植后，第二年即可少量开花，少量结果，第三年可以正常开花结果，盛果期是第五年后，家庭盆栽蓝莓，管理得当，结果期可以保持35年。

二、盆栽蓝莓苗木树种选择

选择北蓝、北陆等品种，如果自花授粉不实，必须配置蜜蜂授粉树才能结果充分，家庭盆栽不易选择此品种，矮丛只适合北方露天栽种，其他品种均可作家庭盆栽。

三、土壤要求

蓝莓，喜酸性、松软、疏松透气、富含有机质的森林草炭土壤，一般要求土壤pH值为4.5～5.5，土壤有机质含量一般为8%～12%，也可视条件和成本加入腐苔藓或草炭、木屑、腐烂的松树碎皮等有机质。

四、容器

建议用透气好的瓦盆，其次用宜沙盆，再其次用塑料盆，不建议用陶或瓷盆。因为蓝莓是须根，浅根系，不需要用大盆，忌用深盆，小苗用盆建议用15厘米盆，成品植株用25厘米盆即可，忌小苗用大盆。

五、气候条件

盆栽蓝莓结果的非常重要因素，是要保证冬季蓝莓经受7.2℃以下低温休眠，忍受最低温度视品种不同而不同，如作为观花，可以不用低温限制。

六、浇水管理

蓝莓根系分布较浅，对水分缺乏比较敏感，应经常保持盆土湿润而又不积水，在蓝莓的不同生长季节也有区别。在营养生长阶段可以始终保持最适宜的水分条件而促进植株强壮，而在果实发育阶段和果实成熟前必须适当减少水分供应，防止过快的营养生长与果实争夺养分，果实采收后，恢复最适宜的水分供应，促进营养生长。中秋至晚秋减少水分供应，以利于及时进入休眠期，为了维持土壤酸性，建议用量：3～5度的醋，每一月施500毫升，其中加半汤勺醋。

七、施肥

蓝莓属于寡营养植物，与其他果树相比，树体内氮、磷、钾、钙、镁含量很低。由于这一特点，蓝莓施肥中要特别防止过量，避免肥料伤害。蓝莓在定植时，土壤已掺入有机物，所以蓝莓施肥主要指以施加农家肥为主。

八、盆栽蓝莓整形修剪

修剪的时期可以分为冬季修剪和夏季修剪，严格地讲是休眠期修剪和生长季修剪。

刚刚定植的幼树需剪去花芽及过分细弱的枝条。对强壮枝，一般也需进行不同程度的短截。定植成活的第一个生长季，尽量少剪或不剪，以尽量迅速扩大树冠和枝中量。

前三年的幼树在冬季修剪时，主要是疏除下部细弱枝，下垂枝、水平枝，树冠内膛枝的交叉枝、过密枝、重叠枝等。可以通过轻度短截剪去枝条顶端的花芽。春季萌芽后，应尽早有选择地抹除部分新梢，加强留存新梢的生长势头。

进入盛果期以后，树冠的大小已经基本上达到要求，应开始控制树冠的进一步扩大，而把有限的空间留给生长较旺盛的枝条或枝组。原则就是去弱留强。除弱枝外，还需疏除病枝，枯枝，交叉枝和靠近的重叠枝。

保护眼睛、增强视力。蓝莓中的花青素可促进视网膜细胞中视紫质的再生成，可预防重度近视及视网膜剥离，并可增进视力"。同时更有加速视紫质朴再生的能力，而视紫质朴正是良好视力不可或缺的东西。

增强自身免疫力。蓝莓浆果可以增强对人体对传染病的抵抗力。蓝莓含有相当多的钾，钾能帮助维持体内的液体平衡，正常的血压及心脏功能，而热量却只有80个卡路里。蓝莓在抵抗自由基，特别是活性氧与各种疾病如癌症、先天性免疫系统疾病、心血管病有着密切关系。

抗氧化功能、减缓衰老。天然的蓝莓花青素是最有效的抗氧化剂。研究显示，在人们经常食用的40多种水果和蔬菜中，蓝莓抗氧化能力最强。这意味着食用蓝莓可以有更多的针对衰老、癌症和心脏疾病的抗氧化能力。

抗癌功能。蓝莓中含有的营养物质对中早期癌症都具有抑制作用。蓝莓果实中的花青素，是非常强的抗氧化剂，可以帮助预防动脉内斑块的形成和多种癌症，减低患癌的可能。

第五节　冬种阳台盆栽叶菜的栽培技术

冬种阳台盆栽叶菜栽培，不仅能提供绿色健康的蔬菜，还能美化家居环境，把阳台打造成一个充满诗意的地方。文章主要介绍了菜盆、品种的选择，播期安排，土壤选择，水分管理，施肥措施及病虫害防治等栽培技术。

阳台盆栽叶菜栽培技术是利用阳台和冬季的光照资源，在家里种植各种叶菜的栽培方法。现在很多朋友都喜欢在阳台上种植蔬菜，这样不仅能圆自己的田园梦，而且还可以美化阳台，吃到自己亲手种植的蔬菜，一举多得。那么，怎样在阳台上种植蔬菜呢？文章以我国的白菜、菜心种植地——广州为典型，说明了冬种叶菜的栽培方法。

一、盆栽叶菜栽培的准备

（一）菜盆的选择

最好选择陶瓷材料的盆来种植，大小依阳台的承受能力来决定。由于菜园在家里，所以菜盆可选择美观一些的，这样既可美化家庭阳台环境，又可种植蔬菜，一举两得。

（二）品种的选择

由于有大量种类的菜心、白菜，在不同的培育期要选择不同的种类，迟熟品种比较适合冬种盆栽，迟熟品种中有菜心60天特青、70天特青、80天特青、迟心2号、迟心29号等菜心品种；迟黑叶、水白菜、青水白菜、四月慢、上海青等白菜品种。

（三）播期安排

由于阳台种植盆栽白菜、菜心生长需要的水主要靠人工淋水来维持，降水对盆栽白菜、菜心的影响似乎不大，但还是会受气温的影响。在南方种植白菜、菜心，要根据温度变化选择最佳播种期，对于大多数的菜心、白菜等叶菜而言，最适合的生长温度为16℃～20℃，当温度小于15℃时，会降低其生长速度。在幼苗期遇到温度较高的天气时，叶菜则会生长缓慢，易受病虫侵害，最后小叶发黄、枯死。幼苗期若遇到低温阴雨天气，生长亦特别缓慢，一些早中熟品种还会因低温春化作用而过早出现抽薹开花现象，降低产量和品质。广州地区九月份的温度通常比较高，白菜、菜心发芽后，幼苗生长缓慢。要到10月份后，气温下降较快，温度小于16℃的时间会变长，阳光量会变少，寒冷阴雨天气也会变多，平均温度从11月上旬的21.8℃，降到12月中旬的13.6℃，在11月20日前温度基本保持在18℃以上，阳光量比之前要多，在此条件下播种的种子发芽比较迅速，出苗时间大概一致，生长态势比较好，前期植株个体的生长迅速为其以后的生长打下良好的基础。因此，要获得盆栽叶菜的高产，应该在11月中下旬左右播种，如遇到低温天气，可选择在"冷尾"时期播种。据市场调查显示，广州市场在10月初期～11末期和2月末期～4月初期，每年蔬菜价格都比较高，因此，广州地区一般要在10月10号左右进行播种，一茬全生育期60～70d，对于早中熟品种而言初收期为30～35d，11月末是收获阶段。在12月初播种一茬迟熟品种，其具有冬性强的特征，全生长期在80d以上，2月下旬～3月初为收获期，会带来比较高的经济收益。

（四）盆栽土壤的选择与整理

盆栽白菜最好选一些保湿效果好的土壤，因种植蔬菜需要水量多，而冬季雨量较少，阳台种菜，几乎每天都需要淋水1～2次，而到了春季，特别遇上阴雨天气要注意防止菜盆积水造成蔬菜腐烂，此时，淋水的次数和量都应有所减少。因此，选择的菜盆要注意盆底能排水的陶瓷盆，为了保证蔬菜能及时补充水分和减少污渍。而且叶菜的根系比较浅、生长周期比较短、根基的生长对于养分的浓度要求比较大，需肥量较大，要想种出高产的蔬菜，必须选择土壤肥力较高的土壤来种植。

二、盆栽叶菜的播种

叶菜生长需肥多，播种前最好施一些基肥，可选用一些不严重污染环境的草木灰、复合肥等基肥。盆栽蔬菜的用种量不多，还要依据不同的蔬菜品种来决定种植密度。播前最好用水浸种2h左右，然后均匀撒在经淋水湿透后落干的湿润的菜盆中。

三、盆栽叶菜栽培的管理

（一）水分管理

盆栽白菜栽培中，水分的管理特别重要，土壤的含水量对于白菜的产出和质量有比较大的影响。水分不够大，白菜的生长也就比较缓慢，会造成组织硬化粗糙，严重的会导致植株因为缺水而干枯死亡；相反，如果水分过多，会导致根部缺氧，减小养分的吸收，更为严重的会导致植株沤根而死亡。因此在植株生长的过程中要使土壤处于湿润状态。播种前要浸润土壤，播种后要不断监察温度的变化，播种后如果遇到北风干旱天气要每天浇水两到三次，天气回暖可以隔天浇水，面对阴雨天气时要注意及时排水，防止积水。自来水最好放置一段时间后再使用，才更有利于盆栽的生长。

（二）施肥

施肥原则：勤施薄施、由轻到重，最好兑水淋湿。首次进行施肥应在子叶展开后（7～10d），用复合肥，每5g复合肥兑水100g的浓度喷施，每隔5～7d施一次，当苗长出约5片真叶后要增加施肥量，每盆按2.5%的比例进行淋施或喷施，以后每隔五天施一次，直到收获完毕。施肥要注意以下几点：1）施肥不宜在气温高、光照较强时进行，最好在17：00以后施肥。2）施肥时注意尽量不要将肥施在菜叶上，一只手施肥，一只手轻轻地把菜苗推开一点，施在空隙处。3）施肥后最好用喷壶喷一些水在菜叶上，减少施肥对菜叶的伤害。

（三）病虫鼠害的防治

如果在阳台上进行白菜的盆栽种植，会大大减少菜心病的发病率，但仍可能出现虫害问题，对于低层住户而言还会面临鼠害问题。虫害包括蚜虫、小菜蛾和黄曲条跳甲。阳台种菜不像大田种菜那样进行病虫害防治，因其特殊的环境，应首先考虑的是没有污染毒害，以保证环保和人体的安全。在阳台盆栽中能不用农药就尽量不用，如小菜蛾在幼虫期可以用人工捕捉而不必施药。再如蚜虫危害不严重时可以用人工除蚜，如果蚜虫危害严重菜又接近收获时，可考虑把菜收获，减少蚜虫危害。黄曲跳甲如果数量不多，也可考虑人工捕杀，但速度要快，见到虫时，用手指在菜叶上轻轻一按，或把它赶出盆栽蔬菜外，让它跳到阳台空旷的地方再进行"抓捕"。阳台盆栽蔬菜，若病虫害问题比较严重时，最好选择用有机的方式解决，以吃到较为安全的蔬菜。如果非用农药不可，蚜虫可用辟蚜雾可湿性粉剂 1500～2000 倍防治；黄曲条跳甲可用 50% 马拉硫磷乳油加 20% 杀灭菊酯乳油 1500 倍喷雾防治。低层住户阳台种菜，有时鼠害较重，幼苗常被老鼠咬坏，可选用老鼠夹或粘鼠板等环保、低毒的方法进行灭鼠。

冬种阳台盆栽叶菜的栽培技术主要适合旧楼的阳台种植，为了减少病虫害的发生，还可选一些如生菜、油麦等叶菜进行间种、套种，亦可减少病虫害的发生。在种植盆栽叶菜过程中，水分的管理是很重要的一环，若没有及时淋水，叶菜就容易干枯，达不到预期的效果。

第六节　盆栽樱桃番茄栽培技术

近年来，綦江区刘罗坪在石角镇党委、政府及其上级部门的总体规划下，计划在福禄、刘罗两村重点打造集休闲旅游、生态农业为一体的刘罗坪区级生态农业园，随着农业园的初步建成，对蔬菜品种的选择也越来越重要。樱桃番茄味清甜，无核，口感好，营养价值高且风味独特，深受广大消费者青睐，且果实鲜红碧透，适宜庭园、室内栽培以及盆栽种植，既可观赏，又可食用。因此，樱桃番茄极其适合种植于刘罗坪，且可被广泛发展。

樱桃番茄是番茄家族中的精品，颜色美观亮丽，口感上乘，营养丰富。其可溶性固形物一般在 6% 以上，比普通番茄高，VC 含量每 100g 中含 50mg 以上，比普通番茄多10mg 以上。樱桃番茄不仅可以做普通栽培，还可做盆栽去观赏，更有其独到之处。

一、选择适宜品种

（一）简要介绍

盆栽樱桃番茄俗称小番茄，又称圣女果，因其兼具果蔬特性，且具有种植优势，发展前景广阔，现已有较多品质优良的品种，如京丹绿宝石、京丹绿宝石 2 号、京丹绿宝石 8 号、亚蔬 18 号、夏丽、千禧等。

（二）盆栽适宜品种

鲜食盆栽樱桃番茄，须选择专用品种。根据刘罗坪气候特点，适合盆栽的樱桃番茄，应选用有限生长类型的品种，并且株高不宜过高，能自行封顶。可以选用如下品种：

1. 矮生红铃

该品种植株高 20cm 左右，第 7 ~ 8 节开始坐果，果实圆球形，红色，单果重 10 ~ 15g，单株结果数量最多达 136 个，平均 109 个。该品种早熟，耐热性、抗病性比普通品种强。

2. "金玉"和"红玉"（专用）

该品种株型紧凑，生长势强，结果多且早熟，口味鲜甜可口，品质优，商品性佳。

3. 美味樱桃番茄

该品种属无限生长型，抗病能力强，不仅色泽艳丽、形态优美，而且味道适口、营养丰富，其维生素含量比普通番茄高。

二、环境因素

（一）适宜温度

樱桃番茄生长发育对温度的要求与普通品种相当，种子发芽期需要温度 25 ~ 30℃，低于 14℃发芽困难。幼苗期白天温度为 20 ~ 25℃，夜间为 10 ~ 15℃。开花坐果期，白天 20 ~ 28℃，夜间 15 ~ 20℃，低于 15℃，不能开花或开花后授粉受精不良，生长发育缓慢，气温高于 35℃时，植株生长缓慢，也会引起落花落果。果实发育期，一般白天为 24 ~ 28℃，夜间为 16 ~ 20℃，昼夜温差保持在 8 ~ 10℃，且夜温应比普通番茄要高才能提高品质，温度过低，果色、肉质都劣变。

（二）充足光照

樱桃番茄喜光性强，在一定范围内，光照越强，光合作用越旺盛，长势越好，产量越高。反之，易造成落花落果。

（三）适合土壤

樱桃番茄最适宜的土壤为：土层深厚、排灌舒畅、土质疏松、富含有机质。

（四）刘罗坪气候条件简介

刘罗坪四周相对较低，地势相对平坦，属亚热带季风气候，具有夏长冬短，四季分明，气候温和，雨量充沛，日照时数多的特点。夏季气候凉爽，降水充沛，昼夜温差 8 ~ 10℃；冬季常有雨雪，春季气候宜人。年日照 1200h 左右，日照率 27%，年降雨量 1200mm 左右，相对湿度 77%，历年平均气温 15℃。极其有利于盆栽樱桃番茄的生长挂果，也使得樱桃番茄在刘罗坪发展栽植成为可能。

三、播种育苗

（一）播种季节

櫻桃番茄在刘罗坪可以春秋两季栽培，春播的播种期在 2 月中旬，秋播的播种期在 7 月下旬。春播的应进行保护地育苗 (冷床育苗或大棚育苗)。苗龄掌握在 65d 左右。秋播可露地育苗，亦可保护地育苗，苗龄掌握在 25 ~ 30d 左右，不论春播或秋播育苗，都以应用营养钵或营养土块为好。

（二）基质配制

采用营养钵育苗，直径为 5cm 的钵即可，基质原料一般选用草炭和蛭石，按 1 : 1 的比例混合配制。

（三）育苗

干籽直播或浸种后播入钵，每钵 1 ~ 2 粒种籽，播后覆盖基质，浇透水，盖上不透光的塑料薄膜或稻草保持湿润，置于大棚或小棚内。2 ~ 3d 即可出苗，出苗后控制温度，根据天气及基质确定浇水量，并保持通风透光。待苗长出 2 ~ 3 片真叶时，直接定植于直径为 15 ~ 20cm 大小的盆中。

四、定植

（一）盆土调配

可采用三年间未栽种过茄果类的园土；也可采用基质栽培，以防止土壤传染性病害的发生；盆栽常采用的配制方案为等量体积的木屑和湿猪粪拌匀发酵 30d，再配上等量体积的砻糠灰拌匀（三者体积比为 1 : 1 : 2）。

（二）盆钵摆放方式

摆放前可在棚内地上先铺一层塑料膜，再摆放花盆，避免番茄根系从盆钵排水孔钻扎入土内，以免移动时断根而造成植株萎蔫或死亡。生长前期盆可紧密排放，待植株长到一定大小相互挤轧时，相应增大盆钵间距。生长周期内可根据生长情况换摆 2 ~ 3 次，避免由于植株密度过大，使植株徒长，基部不稳，而容易倒伏。

（三）肥水管理

入盆后浇 1 次透水，20d 以后每盆追施膨化鸡粪或麻酱渣 100 ~ 150g，每隔 10d 追肥 1 次，3 ~ 5d 浇水 1 次。坐果前控制浇水量，果实膨大期保持盆土湿润。肥水管理及坐果前视植株生长情况施肥。当叶片发黄时，可每盆施用尿素 0.5g 或叶面喷施浓度为 0.2% 的尿素溶液；坐果后可用追施尿素 1 次。浇水不能过勤，否则土壤湿度过高，易导致病害发生。若遇连续高温干旱，每天早晨都应浇透水；阴雨天视基质干湿程度而定，基质不干燥可不浇水。

（四）整枝修杈

整枝修杈一方面是为了促进生殖生长，抑制营养生长。另一方面修掉一些老叶、虫孔叶及部分过多的叶子，使大部分果实能接受充足的阳光。

（五）疏花疏果

植株挂果太多，容易形成畸形果、烂果等，因此要进行疏花疏果，每穗保留生长均匀、无病虫、无创伤、果蒂健壮的果实 5 ~ 6 个。

（六）病虫害防治

盆栽番茄一般病虫害较少，由于室内空气干燥，要注意经常向叶面喷水或喷 0.5% 磷酸二氢钾或每周喷 100 倍的米醋，既可防虫、防病，又起到叶面追肥作用。虫害主要有蚜虫和烟青虫等。烟青虫发生不严重时可人工捕捉，严重发生时可喷 90% 敌百虫晶体或 2.5% 功夫乳油 5000 倍液。蚜虫可用吡虫啉或 25% 菊乐合酯 3000 倍液防治。

五、樱桃番茄大田栽培技术

樱桃番茄的适应性较强，不同季节采用不同的栽培设施，可以做到周年生产。以春季为例，盆栽樱桃番茄的大田栽培技术和常规樱桃番茄的栽培技术相似，只是由于盆栽樱桃番茄具有矮生的特性，所以栽培技术也有所不同。

（一）适时播种，培育壮苗

刘罗坪在适当保温措施条件下，可以于 2 月中旬采用育苗盘或苗床育苗。3 月上旬 2 ~ 3 张真叶时金进钵。4 月中下旬苗为 7 ~ 8 张叶，苗高 8 ~ 10cm 时，带花蕾定植在大棚内。

（二）施足基肥，及时管理

每 667m² 施 2000kg 腐熟有机肥、20kg 复合肥即可。由于其果实叶片离地较近，中后期施肥不方便，因此施足基肥至关重要。标准大棚内做四畦，畦宽 90 ~ 100cm，沟宽 50cm，行株距 50cm×30cm，每棚定植 800 株。当植株上第 3 穗果成熟采收后，基部老叶要及时摘除，无用的果实也要及时摘除。增加植株通风量，有利于植株生长。

六、刘罗坪生态农业园发展盆栽樱桃番茄的必要性

（一）交通便捷

刘罗坪位于石角镇东南部，距綦江主城 30km，距石角镇政府 10km，距渝黔高速公路三江雷神殿入口 20km，交通便捷，区域内公路通达扶欢镇、三江街道。

（二）盆栽樱桃番茄具有作为园内作物所具备的优良特性

刘罗坪将成为集现代农业示范、农业科普教育、休闲观光农业、城乡统筹、农耕体验为一体的现代农业生态示范园，这决定了刘罗坪生态农业园内作物不仅要具备一般果蔬所具有的特点，更需要较高的档次和较强的观赏性。而盆栽樱桃番茄恰好满足此项要求，不论作为室内盆景装饰还是大棚大田种植，都能满足刘罗坪观光游客的视觉需求。

（三）种植条件成熟

刘罗坪已高规格举办两届蔬菜采购会，已有较高的知名度和美誉度。园内各项基础设施如水利设施、灌溉设备、生产便道及钢架大棚都已基本建成，急需选择适宜品种的蔬菜种入园内，开始农业园的正式生产。在政府的重视与支持下，现已把发展蔬菜生产作为綦江区调整农业产业结构的重点来抓，在有大量原材料供给的情况下，不仅为綦江区发展蔬菜加工企业提供了便利的条件，也为蔬菜加工企业的发展奠定了基础。

第七节　有机辣椒的盆栽技术

通过有机蔬菜的盆栽技术，解决人们对于蔬菜绿色、新鲜、营养以及口感的需求，提高人们的生活品质。以辣椒为例，通过实际种植经验，介绍了有机辣椒种植过程中包括育苗、栽培、水肥管理等相关知识。

辣椒不仅具有增加食欲、降脂、减肥、促消化、预防老化的作用，而且能够提高免疫力，抑制人体皮肤中的黑色素，同时也是人们餐桌上不可缺少的调味品。不同辣椒品种具有不同颜色，外观具有一定的观赏性，因此特别适合作为盆栽种植。

一、育苗阶段

在大棚内应早于自然条件育苗，有利于抢占市场，集中育苗，方便管理，植株生长整齐，便于运输，省力、省时、省工。

场地的选择。要保证育苗场地平整，没有污染且较为宽阔，并具备育苗的大棚，周围有水源、电力等设施，交通较为方便。

种子的选择。要选择抗逆性、抗病虫害能力较强，颗粒饱满的种子，种植的辣椒品种有朝天椒等。

育苗杯和基质的选择。育苗杯可在网上或当地购买。规格按幼苗生长需要选择，可以为 8 cm×8 cm。育苗杯为一次性使用，无须消毒。育苗基质为有机质：蛭石 =1：2。基质需在高温高压下消毒，防止有害生物对幼苗造成损害。

种植。大棚内用砖块摆成宽 1 m 左右、高为一块砖厚度的畦，长可按大棚的长度而定，也可自行决定。

将有机质与蛭石按比例混合均匀后加水，水源为未受污染的塘水，加水至基质含水约60%，程度为握紧后松开基质仍可以散开。然后将基质装入育苗杯，装至育苗杯的2/3左右，然后轻轻敦实，整齐地摆到由砖块摆成的平面上。种子为购买的包装种子，种植前在太阳下杀菌，然后放在容器内浸泡，以容器内水刚好没过种子为宜。当胚根冲破种皮时即可种植。将2～3粒种子放在基质中间，并用湿润的蛭石覆盖，厚度要均匀，然后浇透水。

二、营养生长阶段

盆栽土壤的制备。盆栽土壤的制备配方为猪粪（也可以是其他农家肥，但食草动物类的粪便最好除外）、锯末、未受污染的土壤、多菌灵。市场上出售的有机肥为猪粪的，需在太阳下暴晒30 d左右充分消毒，然后制成颗粒状。添加锯末可以增加土壤的透气性和保水性，添加多菌灵可以加快有机肥的降解，添加市场上购买的有机肥颗粒可以补充猪粪内含量较少或没有的成分，按5∶10∶10∶1∶2比例，将其充分混匀备用。

移栽上盆。待幼苗长到10 cm左右、大棚外温度逐渐升高达20℃左右、天气晴朗时便可以移栽。时间选择在阴天或晴天的下午，可以提高成活率。移栽前需给育苗杯浇透水，防止移栽时损伤辣椒根部。移栽前要先将盆栽土壤装入塑料盆的1/3左右，随移苗随起苗，以防秧苗失水萎蔫。将育苗杯撕坏，将幼苗和育苗基质一块放在塑料盆中间，并淘汰病苗、弱苗和杂苗，保留1株强壮的苗，并用育苗土壤将空隙填满，浇透水。

光照及水肥管理。在光照过强时，需准备遮阴措施，在5月光照强度越来越强时，需要准备遮阳网，为辣椒遮挡强烈的阳光，防止因光照过强导致水分蒸发过快而使气孔关闭，影响植物正常生长。

由于植物种植在盆栽容器里根系过浅，所以需要经常浇水，一般春秋季2～3 d、夏季1～2 d浇1次水，也可按见干即浇、浇即浇透的原则。为节省人力、物力，可采用滴灌技术。将滴灌带与放于高位的大型蓄水容器连接，并将滴灌带出水孔对准盆栽容器。

在营养生长阶段，可根据辣椒的生长状况追肥，当辣椒生长缓慢或出现叶面发黄等状况需要追施肥料，之后浇透水。如果辣椒出现疯长，需要减少水分的供应。水分减少，植物体内会有相应的调节机制，如ABA的产生，可抑制植物的疯长，使茎秆变粗。

三、生殖生长阶段

因辣椒移植到大棚外可以自然授粉。如果在传粉媒介较少或天气连续不佳的情况下需要人工授粉。当辣椒开花较多时需要疏花疏果，保留个体美观、未受损伤的果实，需要保证果实的营养供应。在生殖生长阶段需追肥，为辣椒提供生长所需的营养。可以追施发酵了的有机液肥，也可追施固态有机肥料，如粪干颗粒。追肥后浇水，将肥料带入土壤，保证辣椒的吸收，遵循"重施基肥、巧施追肥"的原则。

四、病虫害防治及杂草处理

杂草处理。首先要防止种植过程中带入杂草种子，有机肥要充分发酵以杀死草种，避免使用牛、羊粪作为有机肥料。清除盆栽辣椒周围的杂草。

病虫害防治。在进行绿色无公害辣椒的病虫害防治过程中，要避免使用有毒农药，采取综合防治方法，营造适当的土壤和空气湿度条件。及时清除落蕾、落花、落果、残株及杂草，消除病虫害的中间寄主和侵染源等。可以利用害虫固有的趋光、趋味性来捕杀害虫。捉虫，摘除遭病虫害感染、侵食的枝叶，有效地控制病虫害的生长与蔓延。要提前做好病虫害预报预测，并有效地结合之前发生过的病虫害案例，科学地施用一些有机农药和生物农药。

第八章　蔬菜病虫害防治技术

第一节　蔬菜病虫害防治技术指导

在蔬菜种植过程中，病虫害防治技术指导是一项关键性的工作，而且由于蔬菜病虫害本身种类繁多，危害面积广，以及病虫害自身的特性使得其可变性较大，更要求采取科学有效的方式进行蔬菜病虫害防治，从而使蔬菜能够健康生长。本节首先对蔬菜病虫害的种类、特点等进行概述，在此基础上，进一步就如何做好病虫害防治技术指导进行论述。

在蔬菜种植过程中，病虫害问题往往是不可避免的，且蔬菜病虫害本身种类繁多，危害面积广，病虫害自身的特性也使得其可变性较大，因此如果没有采取有效的措施对病虫害进行防治，不仅会带来严重的经济损失，甚至还有可能给蔬菜种植带来持续性的负面影响。本节首先对蔬菜病虫害的种类、特点等进行概述，在此基础上，进一步就如何分门别类做好病虫害防治技术指导进行论述。

一、蔬菜病虫害概述

蔬菜病虫害，病害和虫害的并称，其中，病毒性病害通常包括真菌性病害、细菌性病害、线形虫病害等等；虫害主要包括蝗虫、螨虫类、蜗牛类或者鼠类等等，通常能够对蔬菜带来一定危害。蔬菜病虫害的特性主要有三点：首先是蔬菜病虫害的种类繁多，对于蔬菜的伤害波动幅度大，由于蔬菜病虫害种类繁多，对于病虫害防治的工艺也各不相同。其次是蔬菜病虫害危害大，危害面比较广，蔬菜病虫害往往具有较强的集群效应，能够给范围较大的蔬菜带来共同作用的伤害。再次是蔬菜病虫害迁移变化规律差异大，蔬菜病虫害对于蔬菜所造成的伤害的性质差别很大，有些甚至还有一定的毒性，较大的蓄积性，使得蔬菜生长受到不利影响，比如病变、生长紊乱，以及产量降低等，也将给人体健康带来一定的不利影响。此外，虫害一旦发生，如果规模较大，对于蔬菜周边的一些生物，也会带来或多或少的伤害，影响区域生态系统的平衡。

二、蔬菜病虫害防治技术指导分析

（一）药物防治技术的指导

药物防治技术相对而言比较普遍，也比较有效，主要是通过直接对蔬菜进行农药喷洒来进行病虫害防治，药物防治技术指导的关键在于药物使用的指导，什么情况用什么药物，比如针对病菌和虫卵，可以匹配浓度适中的高锰酸钾予以处理。但是药物防治技术也有一定的缺陷，就是容易形成农药残留，和当下人们所倡导的"绿色饮食"观念格格不入。所以指导过程中还要重点强调慎用药性较大的药物。

（二）生物防治技术

生物防治技术主要是利用"天敌相克"的原理来进行防治的，在指导开展生物防治的过程中，我们主要是要指导引入一些能够对病虫害产生相克作用的天敌来达到防治病虫害的目的，比如在蔬菜田间，可以指导投入一些诸如瓢虫一类的益虫，往往能够对一些寄生害虫形成较好的相克作用。再比如，我们还可以投放一些有益的菌类来进行病虫害防治，比如为了消除软腐霉菌，就可以投放链霉素。但是生物防治的局限是消灭不是很彻底，同时，如果投放不慎，还有可能打破原有的生态平衡。

（三）物理防治技术的指导

物理防治技术对于生态平衡和环境本身的影响都十分有限，同时也是属于绿色防控的范畴，在进行物理防治技术指导过程中，应当具体问题具体分析，比如对于一些飞行类的害虫，可以使用一些诱虫灯，来引诱其靠近并释放激素，遏制其繁殖；再比如，对于一些比较微小的病虫害，还可以利用超声波来进行杀灭。物理手段的特点是相对环保健康，但是局限性是杀灭的效果并不彻底，容易有残留，基本作为一种辅助方式。

（四）生态预防手段的指导

生态预防手段主要是指通过改善生态环境来进行病虫害消灭，这种病虫害防治的原理主要是通过改善生态环境，从而改变病虫害的生长环境，让病虫害能够因为不适应环境而逐渐减少或者消失。比如可以通过增加光照，来减少一些霉腐菌类的生长；再比如，还可以通过增加碱性物质，来减少一些嗜酸虫害的生长。

（五）农业预防手段

农业预防手段主要特点是能够进行大规模的病虫害防治，同时效果也比较有效彻底。农业预防手段的原则是"防患于未然"，在指导进行农业预防手段进行病虫害防治的过程中，要从选苗开始就要慎重，选择一些生命力较好的幼苗或者种子，其后天自我防范能力往往较强，同时还要做好蔬菜种植土壤的维护管理，以及肥料播撒，增强蔬菜生长状态，提高其自我预防病虫害的能力。

综上所述，做好对于蔬菜病虫害的防治技术指导，不仅能够促进蔬菜健康生长，也能够消除一些有可能带来的持续性、大面积性的危害，本节在对蔬菜病虫害的种类、特点等进行概述的基础上，进一步就如何从药物防治、生物防治、物理防治、生态预防、农业预防等角度分门别类做好病虫害防治技术指导进行论述，希望能够提供一些有益参考和借鉴。

第二节　绿色蔬菜病虫害防治技术

随着社会经济的快速发展，人们生活水平的不断提升，对于食品的要求与标准不断地增加，餐桌上对绿色蔬菜的需求也随之提升。生产过程中病虫害的防治直接关系到绿色蔬菜的高产优质。种植绿色蔬菜时若没有做好病虫害的防治，不但会影响绿色蔬菜的品质，造成种植户的经济损失，还会造成一定的食品安全隐患。

传统的防治技术以化学防治为主，是利用喷洒农药的方式完成，这不仅会产生严重的农药残留，还会影响到人们的食品安全。目前，随着社会的发展，各种新兴病虫害防治技术得到了一定的应用，同时农户应当科学种植、因地制宜，根据实际情况选择种植品种，合理利用生物防治技术与物理防治技术，促进我国农业绿色高质量发展。

一、绿色蔬菜病虫害防治现状

在我国经济快速发展的背景下，人们从"吃饱"转变成"吃好"，对于食品安全越来越关注，食品安全意识不断地增强。传统农业生产中，提高农作物的产量与销量，一般都是选择喷洒农药的方式进行病虫害防治，确保农产品的高产高销，增加农户的经济收益。然而，这样大量使用农药防治的方式致使农产品的农药残留量超标，直接影响农产品的质量安全以及人们的食用安全。与此同时，农户大量的喷洒农药会影响到种植的土壤，最终导致严重的土壤污染问题，这样的种植方式不符合绿色植保以及公共植保、绿色可持续发展理念，进而严重地影响到农业的可持续发展。

二、绿色蔬菜病虫害防治技术

（一）注重农业措施的科学性

绿色蔬菜的种植过程中，需要充分地考虑到种植区域内部的土壤条件和环境因素的合理性，选取合理的绿色蔬菜种植品种，耐病虫性较高的品种，从根本上减少病虫害的发生概率。在移植期间，应尽可能地选择具有良好品质且健康的壮苗，育苗区域与种植区域应当分隔开，减少病虫害的影响范围。移植壮苗时，应当合理施加有机肥，并实时监控幼苗的生长情况，确保及时的发现问题、解决问题。绿色蔬菜的种植过程中，应当确保种植区域的土地平整与整洁，及时的清理种植区域周边的杂草以及枯枝残叶等，切断病虫的来源。绿色蔬菜生长过程中，应当根据相关标准完成土地的修整以及枯枝杂草的处理。利用深耕的方式完成土地平整工作，把枯枝残叶等深埋在地下。此外，土壤深耕有利于疏松土壤，确保绿色蔬菜的根系能够发育健全，提升绿色蔬菜的生长效益。

（二）科学播种，合理施肥

绿色蔬菜种植，要考虑到种植品种的特性选取适宜的时间种植，最大程度上的降低病害虫的影响。同时，种植绿色蔬菜时应当合理施肥，降低病虫害的发生概率，若施肥过量会导致绿色蔬菜出现烧苗、死苗、缺素等症状，而施肥量不足，会造成绿色蔬菜出现营养不良等问题，减少蔬菜的产量，影响农户的经济效益。选择肥料时，着重考虑有机肥，配合施用磷钾肥与各类微肥，根据绿色蔬菜的生长情况合理安排施肥，确保底肥的充足，适时喷施叶面肥，较好地发挥施肥的效果。

（三）做好病虫害防治技术的选择

应当结合生物防治技术开展病虫害防治工作，种植绿色蔬菜过程中，应当创造出有利于病害虫的天敌生存的环境，例如：瓢虫、蜘蛛、捕食螨等可防御蚜虫、叶蝉等害虫，可以有效地防治病害虫的发生，提升绿色蔬菜的质量。选择病毒以及抗生素等各类生物制剂防治病害虫。比如：利用阿维菌素防治小菜虫、菜青虫、斑潜蝇等害虫；用核型多角体病毒、颗粒体病毒预防菜青虫、棉铃虫为害。此外，考虑到害虫对光、色及气味有一定趋向性，因此防治病虫害的过程中，可以利用白炽灯、黑光灯或频振杀虫灯等吸引害虫，利用生物防治方法集中处理；可以设置诱饵吸引害虫，利用高压电网将靠近诱饵的害虫杀死，春季和夏季是病虫害的多发季节，这两个季节利用灯光防治病虫害的效果比较好；也可以选择防虫网隔离技术防治病虫害，防虫网的优势在于抗压力强度较大，耐腐蚀、耐晒且耐老化。设置防虫网时，可以利用绿色蔬菜的防虫网建立病虫害的相应防治屏障，把绿色蔬菜都隔离在防虫网以内，避免绿色蔬菜生长周期中青虫、棉铃虫以及小菜蛾等害虫大规模的出现，确保绿色蔬菜的高产。这些病虫害防治措施，对土地的污染较小，在一定程度上降低农药的使用次数和用量，提升绿色蔬菜的品质。

综上所述，绿色蔬菜种植业逐渐发展成为农业领域的支柱型产业，为确保绿色蔬菜种植的产量与品质，农户应当科学选种，合理施肥，重视各方面环境因素的科学管理，利用生物防治技术与物理防治技术相结合的方式，在最大程度上提升病虫害防治的时效性。

第三节　无公害蔬菜病虫害防治技术

随着经济的不断发展，人们的生活水平也在不断地提高，对生活的品质也在不断地提高，特别对食品品质的要求。无公害蔬菜的出现，减少了原来由于过度使用化学产品造成的蔬菜污染问题，越来越受到人们的欢迎。但无公害蔬菜在种植的过程中，特别是在病虫害防治方面，需要较多的物力和人力的投入，而且需要更加科学的管理。本节针对目前无公害蔬菜在病虫害防治方面存在的问题进行科学分析，结合业界先进的技术，对其提出合理化的防治建议，促进我国无公害蔬菜产业的不断发展。

一、无公害蔬菜病虫害防治过程中出现的主要问题

蔬菜的无公害种植技术，是我国现代农业不断发展的表现。在目前的发展中，对病虫害的防治仍以化学药剂为主，这大大降低了其本质的优良性。在蔬菜的种植过程中，病虫害的发生不仅会降低蔬菜的产量，也会影响其质量，减少种植户的收入，所以很多种植户都会采取一定的办法来进行解决。但在现阶段防治病虫害一般以使用化学药剂为主，其中还包括一些高毒、剧毒的成分。很多地区在无公害蔬菜病虫害的防治过程中，因缺少相应的科学知识或是先进的管理理念，往往出现过量使用化学农药，或者误用、错用的情况。同时在很多地区种植户过于盲目的追求经济利益，使用一些有害于人体健康的药物来提高蔬菜外观上的美感。这些都是无公害蔬菜种植过程中出现的错误做法，影响我国向农业强国转变。

二、无公害蔬菜病虫害防治技术分析

在无公害蔬菜病虫害法治的过程中，要根据作物的实际情况以及病虫害的危害程度，选择较为合适的防治技术，在消灭病虫害的同时能够保证蔬菜商品的质量。

（一）预防为主，防治结合

在无公害蔬菜病虫害防治的过程中，要坚持"预防为主，防治结合"的重要原则。根据作物的生长特性以及季节环境的变化，对其可能产生的病虫害做好预防工作，"防"大于"治"的效果才能更好地表现出来。坚持这种科学的原则，不仅可以有效地减少药物使用，同时还可以保证蔬菜的品质。

（二）选择优良品种，采用科学管理

俗话说"种瓜得瓜，种豆得豆"，无公害蔬菜种植过程中，在选择适合本地种植的品种的基础上，要优先使用品质较好的品种。对品种的选择一般从常量、品质、抗病性以及抗逆性等多个角度进行综合的评价。同时要学习和掌握先进的栽培技术，才能保证品种优势的正常发挥。生产基地的自然条件对蔬菜的品质会有较大的影响，在土地的选择上要远离污染源，保证土地、水源的安全性，这样才能生产出具有优秀品质的无公害食品。对于长期种植的土地要进行科学化的管理，不能够在同一片土地上长时期种植一种作物，这样会影响作物的产量，还可能造成病虫害的发生，所以要进行轮作或者倒茬。

（三）了解病害弱点，选用物理技术

科技的不断发展，为农业的进步和农产品品质的不断提升提供了有力的支持。在现阶段，针对很多种类的病虫害在防治的过程中，都采用了先进的物理技术。害虫本身都有一定的趋避性，这是害虫本身的"软肋"，也是进行物理治疗的基础。掌握害虫本身的弱点就可以采取相应的措施，来减少其对蔬菜的危害。在现代无公害蔬菜种植过程中，较为常用的物理技术有诱杀和趋避两种类型。很多种植户选择使用黑光灯、频振式杀虫灯等较为

先进且无害的工具消灭害虫。还有悬挂涂有不同引诱剂的挂板来捕杀害虫，例如糖醋混合液体挂板可以有效地消灭夜蛾科害虫;而黄颜色的黏虫板是对付蚜虫或蝇科害虫的"高手"。

（四）趋利避害，合理使用防治技术

在目前的无公害蔬菜病虫害防治过程中，除了使用较为普遍的物理技术，还有先进的生物技术和化学技术。其中，生物技术中主要是利用了大自然中的"物竞天择"的道理。针对各种害虫，选择能够对其进行捕食又不会对蔬菜造成二次危害的生物进行人为放养。这样就可以有效帮助蔬菜对抗害虫的侵袭。随着科学技术的不断发展，越来越多的能够替代原来高毒、高残留农药的新型药剂，被应用到了无公害蔬菜种植中的病虫害防治。其可以有效地消灭害虫，又不会大量的残留在蔬菜中，不会对人体造成伤害。

科学的不断进步为农业的发展提供了强大的技术支持。虽然目前我国在无公害蔬菜种植的过程中，对病虫害的防治还存在问题，但是只要在先进管理理念的指导下，根据实际情况运用采用较为合理的技术手段进行病虫害的防治，就可以不断地前进。在无公害蔬菜的种植过程中，对于病虫害一定要坚持以预防为主，防治结合的原则。在针对病虫害进行治疗的过程中，要以污染小、治疗效果好的技术为首选，在必要的时候可以适度的使用一些化学手段，但是禁止使用有毒、有害、有残留的药品，避免因治疗病虫害而造成的蔬菜污染，以及对人体带来的伤害。

第四节　植物保护之蔬菜病虫害防治技术

我国作为传统的农业大国，有着悠久的蔬菜种植和食用史。蔬菜作为人类赖以生存的关键食材能够为日常生活提供大量的维生素和碳水化合物。在中国人的餐桌上蔬菜已经成为必需品。近年来，农产品中果蔬的农药残留和病虫害防治问题逐渐引起了人们的重视。合理使用农药化肥，科学防治病虫害是提高蔬菜产量，保证品质安全的关键。本节结合蔬菜不同生长期常见的病虫害问题，基于蔬菜质量安全标准，探索规范化的蔬菜病虫害防治技术。

我国蔬菜种植规模宏大，种类丰富，总体布局较为分散。病虫害防治是蔬菜种植过程中的关键技术，普及蔬菜病虫害防治技术既是聚焦三农问题，倡导科技兴农的重要体现，也是确保餐桌上的安全的基本途径。本节将蔬菜的生长周期总体概括成三个阶段，分别为萌芽期、幼年期、成熟期，结合不同生长阶段的常见病虫害特点进行科学防治，针对性治疗。完善病虫害防护体系，建立长效的预防机制。

一、蔬菜萌芽期病虫害防治技术

（一）蔬菜种子的选择

蔬菜种子的选择主要从两个方面着手，一是种子生长环境同当地气候的匹配程度，二

是种子质量问题。蔬菜种子的播种应当严格按照区域气候变化特点进行调整。种子的发芽和生长同温度、湿度等气候因素密切相关。而在蔬菜种子品种的挑选上应当精选产量高、抗病能力强、适应性强的种子。在外观上挑选表皮完整、无破损的种子。并通过杂交不断培育高质量的蔬菜种子。基因问题是导致蔬菜种子病虫害高发的内在原因。

（二）种子播种环境的处理

种子挑选完成后，应当为其发芽营造良好的土壤和气候环境。在培养基土壤的选择上应当精选肥沃疏松的土质，且在做好充分的消毒杀菌除虫工作后，方可进行种子播撒。培养基的常用消毒用品主要有甲醛和多菌灵水溶液两种。二者均具有良好的水溶性，对准培养基土壤进行搅拌喷洒，在保证均匀消毒的同时能够抑制有害微生物的生长。在喷洒完成后，应当对培养基进行密封处理，通过隔离空气使 90% 以上的微生物灭活。在有机化肥的使用上应当选取高温堆肥后的天然肥料，保证培养基土层的无虫害。

（三）播种前消毒处理

对种子进行消毒杀虫处理能够有效提升发芽率，通常情况下，在种子尚未发芽时浸泡在高锰酸钾溶液或其他消毒杀虫溶液中，灭杀种子表面不可见的虫卵和微生物。也可以通过粉状药物搅拌的形式，然后药物遍布种子表面。萌芽期虫害问题防治的关键在于种子处理和培养基的无害化处理，为种子发芽打好基础。

二、蔬菜幼苗期病虫害防治技术

幼年期蔬菜发生病虫害将会直接影响幼苗的生长。而这一时期病虫害的主要原因在于培养基生虫或空气中的微生物附着。幼苗期蔬菜抗病能力群，叶片和根茎含水量丰富是众多害虫的食物。针对这一情况，应当及时调整蔬菜秧苗的种植密度，进行移栽。同时，对于虫害严重的地区，应当提前做好风行类害虫的隔离措施，使用纱网进行拦截，避免飞行类害虫在蔬菜上产卵。在移栽土壤的选择上应当勤松土，密切观察蔬菜叶片健康情况。这一时期，虫害的主要类型有小菜蛾、菜青虫、豆荚螟等等，不同的蔬菜品种易感染的病虫害类型存在差异。幼苗期蔬菜上感染的病虫害大多是幼虫，这也是杀虫的最佳时期。杀灭幼虫时使用的杀虫剂剂量和浓度可适当降低，同时应当喷洒害虫喜欢危害的地方。对田间杂草进行定期铲除。

三、蔬菜成熟期病虫害防治技术

蔬菜成熟期应当慎用农药、杀虫剂等代谢困难的化学药品。尽可能地采用生物学防治和物理防治技术防治蔬菜病虫害。

（一）生物学防治

生物学防治的核心原理在于食物链的引用。高层级捕食者以蔬菜害虫为食，以虫治虫理念建立下的田间生态系统是蔬菜病虫害生物学防治的重要体现。在蔬菜成熟期，使用杀虫剂和化学药品将会造成严重的药物残留。例如，使用赤眼蜂防治玉米螟和松毛虫。蔬菜成熟期，害虫的数量和种类不断增多，利用以虫治虫的原理能够在降低防治成本的同时，提升病虫害防治水平。此外，也可推广生物学农药制剂的生产和使用。生物学制剂不同于化学农药制剂，其防治原理主要是利用菌群之间的相互抑制从而达到灭虫防虫的目的。生物学制剂对于蔬菜病虫害中的真菌感染、病毒感染、细菌感染有些良好的灭杀效果。

（二）物理防治技术

物理防治技术主要通过纱网隔离和灭虫灯诱杀两种方式进行。采用大棚种植或纱网隔离能够阻挡 60% 以上的病虫害。通过将飞行类昆虫阻拦的方式有效限制了病虫害的大规模传播。同时通过在地表土层覆盖薄膜能够有效抑制土壤中的有害微生物生长。昆虫普遍对光和热高度敏感。灭虫灯正是利用的害虫的趋光性实现对害虫的诱捕和灭杀。尤其是飞行类害虫，经过物理灭杀后，其危害程度大大降低后，在大棚内安装蚊蝇诱灭灯，是当前主流的物理防治方法，具有成本低，灭杀效果好等特点。

在蔬菜病虫害的防治过程中，应当明确农药的使用时间和使用量。在蔬菜成熟期应当杜绝使用化学药物。与此同时，应当加强生物学病虫害防护制剂的研究，提升制剂的针对性。综上所述，应当不断完善蔬菜病虫害防治体系，借鉴植物保护过程中的成熟理念，促进蔬菜种植事业向无公害和纯天然的方向发展。

第五节 设施农业蔬菜病虫害防治技术

我国是一个农业大国，农业是我国的经济命脉。近几年设施农业成了农业发展的主流趋势，提高了农业生产的效益。本节简要分析了几点在设施农业中易发病虫害的原因，详细地提出了黏虫板诱杀技术、棉隆消毒处理技术和太阳能热消毒技术三种病虫害防治技术。

随着我国科技水平的不断提高，越来越多的科学技术被运用到生产生活中。近几年设施农业技术在农业生产领域被广泛应用，提高了农业生产的效率，加快了农业发展的进程。下文简要分析当下设施农业中存在的问题，提出几种病虫害防治技术。

一、设施农业中易发蔬菜病虫害的原因

（一）为病虫创造生存条件

病虫害的发生与蔬菜种植环境有着密不可分的关系，相对适宜的环境不仅为蔬菜提供了良好的生长条件，而且也为病虫创造了生存条件。由于设施农业技术基本都是采用棚膜的技术，棚膜中的蔬菜可以在任何季节稳定生长，大大提高了蔬菜的年产量，从而提升经济效益。但是这种舒适的生长环境恰恰也符合病虫害的生长规律，有利于害虫的繁殖，从

而埋下了病虫害的风险。

（二）加剧蔬菜病虫害程度

在传统农业中蔬菜都会根据不同的时节被种植到田地中，自然因素对蔬菜影响最大，尤其北方的冬天较为寒冷，蔬菜在外界根本不能存活，病虫害自然也不会发生。设施农业技术的应用使蔬菜种植不再受季节的限制，蔬菜四季都可以在棚膜中舒适地生长。但是这种技术严重违背了自然规律，病虫害的发生也会愈加频繁，甚至加剧了病虫害的危害程度。

（三）增大病虫害防治难度

设施农业的确提高了蔬菜种植的经济效益，有效促进了农业的发展。但是这种反季节的种植技术在实际蔬菜种植过程中会出现很多问题，其中病虫害是最严重的问题，很多不是当季的病虫害由于适宜的生长环境而不断繁殖生长，增大了病虫害防治难度。此外由于棚膜内的空间有限，给病虫害的防治也带来了一定程度上的困难。

二、设施农业蔬菜病虫害防治技术

（一）黏虫板诱杀技术

黏虫板诱杀技术是当前设施农业中常见的蔬菜病虫害防治技术，此种技术利用害虫对特定颜色的趋性使害虫黏到黏虫板上，实现对害虫的防治。黏虫板诱杀技术对于蚜虫、烟粉虱、石蝇等微小害虫有着显著的诱杀效果，比较常见的黏虫板分为蓝板和黄板两种，很多害虫都趋向这两种颜色。这种技术的使用方法比较简单，种植人员一般会在蔬菜大棚的行间悬挂特定颜色的黏虫板，而且黏虫板的悬挂高度应该与蔬菜平齐或者略高于蔬菜的顶部。放置时间是越早越好，应该和蔬菜种植同步进行，而且每过一段时间都需要更换黏虫板，以此保持黏虫板的黏虫效果。悬挂方式选择平行悬挂或者垂直悬挂，避免影响蔬菜的正常生长。黏虫板的放置密度控制在每亩二十到三十个，在保证黏虫效率的前提下尽量避免浪费多余的黏虫板。对于不同类型的蔬菜，黏虫板的放置高度也不同，主要根据虫害易发的位置来决定放置高度和位置。目前我国很多地区都在采用这种技术，例如：2016 年 8 月天津市武清区泗村店镇积极调整产业结构，大力发展设施农业，这里的农民利用棚室栽培葡萄已有六年之久，在葡萄大棚中吊着若干沾满飞虫的黄板，农民利用诱虫板实现对虫害的防治。这种技术既能有效地消灭害虫，又不会影响作物的生长，受到很多农民的青睐。

（二）棉隆消毒处理技术

棉隆是一种具有熏蒸作用的广谱性农药，对湿度和温度较为敏感，广泛用于蔬菜病虫害的防治。技术流程是把肥料施入田地中，在田地中充分浇水，使水浸透到土壤的 25cm以下，在保持一周左右后用旋耕机对田地进行深耕，深度一般在 25cm 左右。然后在田地表面上使用一定浓度的棉隆对其消毒，使棉隆与土壤充分混合，混合后用喷壶喷洒水，在水的作用下土壤中会分解出异硫氰酸甲酯、甲醛和硫化氢等气体，这些气体对根瘤线虫、茎线虫、异皮线虫等害虫有着良好的消杀效果。为了增强棉隆杀虫的效果，可以在田间喷水之后覆盖不透膜进行封闭，封闭 7 天后揭开不透膜进行放风，之后再疏松土地，可以对土壤中害虫强力消杀。

（三）太阳能热消毒技术

太阳能热消毒技术是一种利用太阳能热实现对土壤中病虫消杀的手段，一般在八月份中使用，因为这段时间太阳能热最充足，而且是棚室的修茬期。首先需要清理残渣，在田地中使用 6000kg/667m2 的秸秆和 1000kg/667m2 的生石灰，两者混合均匀后再平整田地。其次使用塑料膜对田地进行密封处理，大约一个月过后挖掘压沟膜，压实塑料边角后再进行灌水。最后保持棚室内高温和强光的条件下一个月左右，使田地地表温度达到 60℃，实现利用太阳能热对土壤中病原体、细菌和微生物的消杀。由于秸秆腐烂后还能为土壤提供肥料，所以这种技术既能消灭病虫害，又能促进蔬菜生长，是一种绿色病虫害防治技术。

在设施农业中防治病虫害是关键的问题，农民应该给予足够的重视。一方面需要选择品种优良的菜种，另一方面要做好充足的防治病虫害工作。上文简要列举了几种设施农业中蔬菜病虫害的防治技术，为未来专家学者对设施农业防治病虫害的研究提供经验参考。

第六节　棚室蔬菜病虫害防治技术

一、概述

（一）病虫害种类

我国蔬菜病虫的种类有 1600 多种，其中病害有 1300 多种，虫害有 250 多种，而且数量仍然不断上升，常见的有 200 多种。

（二）棚室蔬菜病虫害发生特点

在棚室内种植蔬菜，与露地环境条件有很大的区别，在使蔬菜周年生产和供应的同时，也为病虫害的发生和流行提供了条件。随着棚室栽培的迅速发展，病虫害种类显著增加，危害时间长，程度重，并为露地栽培提供了菌源和虫源。粉虱、根结线虫等过去在北方危害并不重，因为它们不能顺利过冬，现在有了温室，危害日趋严重，甚至可周年危害。另外，病害也比露地严重，如多种蔬菜灰霉病等。

温室内蔬菜种类较少，而且种植的区域性较强，面积较大的蔬菜种类只限于茄果类、瓜类和豆类等高效益的蔬菜，轮作余地较小，且土壤没有寒暑交替，所以病源虫源集中，有利于土壤中病原菌，害虫的生长繁殖。

蔬菜的病毒病是发生普遍、危害严重且难以防治的一类病害，在棚室中主要危害夏秋播的番茄、甜椒等，其危害程度一般低于同期露地栽培。西葫芦在棚室内早春栽培，当夏季高温季节病毒病流行时已基本收获，只要做好前期的防治工作，明显比露地栽培危害轻。

（三）棚室蔬菜病虫害防治中的突出问题

在病虫害的防治上，由于棚室蔬菜茬口复杂，生产投入高，棚室内空气湿度高，植株相对幼嫩，菜区垃圾多等，使得病虫害危害严重，继而出现了用药浓度高、用药次数多等趋势，有的农民甚至把 6 ~ 7 种农药一起喷，甚至到了危害蔬菜的程度。多数农民重治轻防，过度依赖农药，使得病虫害耐药性增强。

个别地方的菜农还存在盲目用药的情况，如：庄稼染病用杀虫剂，缺素症用病毒药等。还有农民不会计算用药量，不知道过去一些书上的"ppm"（mg/kg）怎么换算。

用药的克数或毫升数 = 水毫升数 / 要求的倍数

用药的克数或毫升数 =（ 水毫升数 × 要求的 ppm 数)/（ 10000 × 有效成分 % × 100)

例：一喷雾器按 15 L 水计算，即 15 000 g（ mL ），要求 500 倍对药的话，那就是 15 000/500，即用 30 g（ mL ）药物；要把含量为 10% 的药配成一喷雾器 20mg/kg 的药液，用药量 =（ 15000 × 20)/（ 10000 × 10)，即 3g（ mL)。

（四）棚室蔬菜病虫害防治的优势

棚室有相对封闭的环境条件，光、温、水、肥、药和气等条件均可调控；棚与棚之间相互隔离，能在一定程度上阻挡外部病虫害的侵入；每个棚室的面积相对较小，为根除某些病虫害提供了有利条件；可以借助棚室的封闭使用机器制造臭氧气来防治病虫害。应当充分利用有利条件采取适当措施。

二、物理及人工防治

（一）高温灭菌灭虫

（1）闷空棚。在盛夏高温季节，利用棚室的闲置期，扣严棚膜，持续 15 ~ 25d，这样棚室内温度可达 70℃以上，能将棚室设施表面的病菌杀死。同时如果辅以灌水和地膜，土壤温度也可达 50℃以上，对各种土传病害和线虫都有较好的防效。据山东省农业科学院试验，闷棚 20d，下茬作物土传病害的发病率降低 70%。

（2）温汤浸种。温汤浸种不仅可以促进种子的萌发，而且可以杀灭种子内外的许多病菌。一般做法是：视种子大小，对水 3 开 1 凉或 2 开 1 凉，使水温在 50℃ ~ 70℃，搅拌至水温 30℃。

（3）闷棚。高温闷棚是防治黄瓜霜霉病的有效方法，其病原菌比较低等，易被高温杀死，该菌在 28℃以上时侵染不利，45℃时它就停止活动而逐渐死亡。闷棚一般选在浇水次日，闭棚使温度达到 44℃ ~ 46℃，持续 2 h，然后放风。这种方法同时可以闷死烟粉虱等害虫。

（二）低温灭虫灭菌

指利用寒冷季节，耕翻，冻土，持续 15d 以上。这可以减少包括根结线虫在内许多虫害的基数。这个办法一般在大拱棚内使用，如果茬口安排赶巧，温室内也可采用这种方法。

（三）淹水灭虫灭菌

平时土壤中的菌都是喜欢氧气的，而连续持水可以切断氧气，从而大幅度降低它们的数量，也可以降低线虫等虫害的基数。

（四）色板诱杀害虫

色板就是带有鲜艳的颜色并涂有黏胶的纸板或木板。蚜虫、粉虱、美洲斑潜蝇对黄板较敏感，而蓟马对篮板较敏感。

色板张挂在高于植株顶部 20 cm 处，每 667m2 约挂 50 片。随着庄稼的生长，不断向上调整色板。色板要及时更换，以保证黏虫效果。试验表明：深黄色纸板比淡黄色诱蚜效果好；色板通过诱杀小昆虫而预防病毒病的效果达 80% 以上。

（五）杀虫灯诱杀害虫

杀虫灯是利用害虫生活习性进行诱杀的一种物理防治方法。害虫有较强的趋光、趋波、趋色和趋性信息的特性，将光的波长、波段、波的频率设定在特定范围内，近距离用光、远距离用波，加上害虫性信息引诱成虫扑灯，灯外配以高压电网进行触杀，杀死后落入灯下的接虫袋内收集。

（六）防虫网隔离害虫

30 目的防虫网对蝶蛾类害虫有效，40 目的防虫网对粉虱、蚜虫、斑潜蝇等有效，而螨虫较小，难用防虫网阻挡。40 目的防虫网是最经济常用的防虫网，而在育苗等要求较高的棚室内可以选用 60 目产品。使用防虫网应当是全封闭式，所以在棚室应用时，要连同上风口一起安装，门口甚至要设置两道防虫网。

（七）遮阳网降温防病

越夏种植的蔬菜容易感染病毒病，而以遮阳网减少光照、降低温度，可以有效地减轻病毒病的影响。

（八）棚室湿度调节防病

很好地调节湿度防病是许多棚室很少用药却基本没有病情的最重要原因。

第一，棚室不同于大田，它的温度湿度是可以调节的。早上升温过程中分两次开风口，早降湿且升温快；傍晚闭风口同样分两次，可以使庄稼夜间散发水分更少。这样能更好地控制湿度。

第二，即使是在阴天光照较少的情况下，也要放风排湿，就是为了不给病菌提供适宜的湿度，以减少发病概率。

第三，除了开风口，还有盖地膜、盖秸秆或稻壳等，通过减少地面的水分蒸发，也可以控制棚内湿度。

第四，喷药喷肥浇水能增加棚室内湿度，所以最好在具有放风条件的时间段里进行，不要选择在阴天或傍晚。

第五，微灌技术可以直接减少浇水量，降低棚室内空气湿度。

第六，蔬菜的种植密度直接关系到种植行内空气湿度，过密的情况下自然是湿度高、容易得病。

第七，水渠在浇过水后，也要蒸发水分，而使用暗渠或管渠浇水，可以最大限度地减小蒸发面积。

第八，生态调控。一般病害的发生需要一定的气温和湿度，我们可以调控温度和湿度，不同时满足它的需要，即气温合适时湿度不合适，湿度合适时温度不合适。如黄瓜的霜霉病可以这样控制：白天降低湿度，霜霉病不易发生；晚上，尤其是下半夜，降低气温到13℃～15℃，霜霉病也不易发生。

（九）套袋

温室生产中应用最多的是甜瓜套袋，它可以将果实相对隔离起来，预防细菌性病害和真菌性病害有很好的效果，并可以杜绝果面的农药污染。

（十）人工捕捉

对于某些虫害，在其数量少时，完全可以借助棚室的封闭性，采用人工捕捉的方式彻底清除。例如：在进入寒冷季节前，消灭最后一批残存在棚里的蝶蛾类害虫，可以确保大棚内一冬无虫，此时是人工捕捉的最好时间。

三、农业防治

（一）清园

罢园后，田间的植物病残体是病虫害生存和附着的场所，必须及时清理，集中深埋或送入沼气池。

（二）轮作

除前面提到的蔬菜与水稻的轮作外，种植一茬大葱或甜菜，可较好地抑制根结线虫的发生。

（三）嫁接

黄瓜、茄子、甜椒、西红柿等蔬菜都可以嫁接栽培，当前应用普遍的是茄子和黄瓜的嫁接。用黑籽南瓜嫁接黄瓜，可以防治枯萎病；用白籽南瓜嫁接黄瓜更可使黄瓜表面油亮，提高了黄瓜的高品性；用托鲁巴姆嫁接茄子，可以使茄子对黄萎病、枯萎病、青枯病以及根结线虫等具有极高的抗性；托鲁巴姆也可用来嫁接西红柿；用野生的辣椒嫁接甜椒，可以预防根结线虫、根腐病和枯萎病等。

（四）选用优良品种

选用抗性品种是最直接有效的植保措施。如抗虫棉可以抗棉铃虫一样，有抗叶霉的番茄品种如戴安娜，抗线虫的番茄品种如福迪，抗霜霉病的黄瓜品种（如斯托克）抗 TY 病毒的番茄品种（如福迪、粉丽亚和黄榕等）。

（五）健康栽培

健康栽培是利用栽培技术培育壮苗壮秧，增加对某些病害如病毒病、白粉病的抗性。常用的方法有：定植前低温炼幼苗，定植后控水蹲苗，二氧化碳施肥，喷施诱抗素、糖和磷钾肥（如漯效王液肥 800 倍液）等。

（六）防病起垄技术

有些病虫害如辣椒疫病，特别容易在高温高湿的地表侵染椒苗基部，而起垄栽培使水不能淹到苗子，可以很好地控制疫病。种在垄上的苗子，不容易积水沤根，也不容易得根腐病。各地都有很多采用这种方法种植蔬菜的，但这种方式容易造成苗期浇水难，尤其是夏季，所以也有很多农民采用沟栽，只是不把苗子种在沟底，而种在沟腰上，也有很好的效果。

（七）立体种养

立体种养是一种生态农业方式，例如蔬菜田内养鸡可以兼防蝶娥类害虫，特别是那些取食后活动的虫子，还有蝼蛄等地下害虫。当然，鸡不要多，一窝即可。

四、生物防治

（一）天敌治虫

天敌的利用，是害虫可持续综合治理的手段之一，是农产品向质量安全无公害发展的趋势。天敌主要包括寄生性和捕食性两类。目前，国际上商品化生产的农用天敌有 130 余种，主要种类有赤眼蜂、捕食螨、丽蚜小蜂、草蛉、瓢虫、中华螳螂和小花蝽等。

（二）以菌治虫

害虫与其他昆虫一样，有时也会生病甚至死亡，以菌治虫就是运用的这个道理。我们人为制造害虫的"病菌"并在适当的时候施用，可以使害虫"病死"。

现在生产比较常用的有两个老产品——苏云金杆菌（BT）和白僵菌，一个新产品——淡紫拟青霉。使用这些产品时注意不要掺混杀菌剂，因为杀菌剂可能会杀死其中的活菌，使生物菌制剂失效。

淡紫拟青霉菌能防治孢囊线虫、根结线虫等多种寄生线虫。菌丝能侵入线虫体内及卵内进行繁殖，导致线虫死亡，连年使用效果更好。它还对作物生长有一定刺激作用，并可降解部分有机磷农药。

（三）以菌抑菌

以菌抑菌就是人为培养一个对植物生长有利的菌为优势菌群，抑制其他菌类的生存，从而达到预防病害的目的。目前，生产上应用较好的有加加旺激抗菌、968 微生物肥等，用法是在作物定植时穴施或沟施，每 0.067hm² 用量 100 ～ 15 0kg，这样不仅可以抑制根部病害，而且还促进根系生长，一物多用，效果显著。

（四）昆虫激素

用于农业生产的昆虫激素主要有性诱剂、抗蜕皮激素类物质和蜕皮激素类物质等 3 类。常见的商品农药有氟虫脲、定虫隆（抑太保）和虫酰肼（米满）等。这类方法是目前相对安全的虫害防治方法。

（五）生物源农药

生物源农药是指来源于动物、植物或微生物的天然农药或提取物，这类农药一般对人、畜低毒，所以是生产中首选的农药。

目前，生产上应用的微生物源农药主要有：

多杀霉素（菜喜）：用于防治小菜蛾、蓟马等。

宁南霉素（菌克毒克）：用于病毒病、软腐病、白粉病、蔓枯病等。

多氧霉素（宝丽安）：用于防治瓜类白粉病、霜霉病等。

武夷霉素（BO-10）：用于防治瓜类白粉病、炭疽病等。

春雷霉素（加收米）：用于防治番茄叶霉病、黄瓜炭疽病、角斑病等。

阿维菌素（齐螨素）：用于防治茶黄螨、蓟马、斑潜蝇等。

中生菌素（克菌康）：用于防治软腐病、青枯病、角斑病等细菌性病害。

农用抗菌素 120：用于防治瓜类枯萎病、炭疽病等。

第七节　农业信息化与蔬菜病虫害防治技术

一、农业信息化概述

在信息技术不断发展的情形下，对各行各业都产生了重要影响。农业生产由于科学技术发展和时代发展的要求，也同信息化技术相结合起来。由于信息化系统能满足农业人群的相关资讯，提供各方面的资料，为农业生产提供了诸多方面的便利，推动了农业生产的发展。另外，农业信息化通过相关数据库的建立，使农业人群可以根据自身的需求，查询需要的资料。信息化技术更伴随着农业生产的全过程，不管是选种播种，还是田间管理与收获，都可以借助信息化技术来完成，它为农业生产提供了有力的技术支撑。

二、信息化在蔬菜病虫害防治技术中的应用

（一）蔬菜生产管理的要求

通常说来，在种植蔬菜的过程中，受到了季节和气候的影响。所以，防治蔬菜病虫害的措施，也应当遵循这个规律来进行。在越冬期病虫害的防治中，要求种植时进行深耕，完成翻土工作和冬季灌水工作，这可以将土壤里面的各种病菌和越冬期害虫翻出来。同时，当秋收季节来临时，需要将耕地里的杂草清除掉，并整理蔬菜种植园，使其尽量保持清洁。这有助于消灭一些有害病菌和害虫，起到病虫害防治效果。在播种期时，应当重视选种工作，充分了解和掌握当地的病虫害种类信息和气候信息，选择抗病虫害的优良品种。并且在种植布局方面，应尽量做到科学合理地安排，结合实际情况来对播期进行调整。另外，要加强了解和掌握田间管理工作的相关信息，将物理、化学和生物防治技术结合起来，掌握农药、器械投放的准确时间。

（二）蔬菜病虫害防治的要求

在蔬菜生长的全过程中，都可能遭受病虫害的侵袭。由于病虫害可能给种植带来巨大的经济损失，而且分科属数量众多，要求在防治技术方面找到正确的解决措施。这方面的防治技术同如何使用农药等密切相关，还同如何选择优良品种、使用科学的种植技术有关。目前，我国的蔬菜种植发展较快，不管是规模还是技术都在不断发展，但病虫害趋势也在增强。由于生活水平和健康观念的影响，人们对蔬菜的农药残留要求也在不断提高。从这个层面来看，科学合理地防治病虫害，保证蔬菜尽可能地绿色健康、优质高产才是蔬菜种植的重点要求。

（三）信息化在蔬菜病虫害防治中的应用

在当前背景下，由于计算机科技的普及与发展，使得各个行业同信息化技术紧密联系起来。在蔬菜病虫害的防治过程中，种植户可以依靠病虫害防治的专家系统，了解各方面的相关信息。在蔬菜种植全过程中，专家系统都能够发挥其专业方面的功效，为种植户提供病虫害的诊断和相关建议。另外，多媒体技术同专家系统有机结合，能提供图片、声音、视频等，依靠网络信息技术，可以构建更加有效的多媒体病虫害防治的专家系统。

三、建立完善的病虫害防治信息化系统

（一）系统设计的思路分析

在蔬菜病虫害的防治过程中，应当建立起一套完善的信息化系统，这要求结合田间管理情况建立相对完善的病虫害防治数据库。在系统建立的过程中，要对蔬菜病虫害的特点、种类等信息进行收集，把这方面的资料整理出来。并严格遵守病虫害防治的规律和标准，建立起信息化系统。从而保证病虫害诊断的准确性，建立相关的系统框架，向种植户提供

有效的防治手段和咨询服务，使其能够更好地处理各种病虫害。

（二）建立信息化系统的重要基础

由于化学农药的长期使用，害虫的抗药性等得到了提升，相应的使防治技术也受到了严峻的考验。而随着信息化技术的发展，应当充分利用这项技术的优势，为病虫害的防治提供重要的技术支持，建立起完善的管理系统，同时，在病害虫数据库，将其纲目科属、形态习性等特征都纳入数据库。在实际的病虫害防治管理过程中，这样的综合系统能够为种植户和专家等提供必要的数据参考和信息资源，为其决策提供重要的参考依据。

（三）信息化系统技术分析

在病虫害防治信息化系统的建立过程中，必须以蔬菜种植户为需求对象，以当前市场的具体需要作为依据，采用目前所具有的蔬菜种植和病虫害防治技术，尽可能地满足蔬菜种植方面的需求，建立起科学合理的农业信息化系统。同时，合理划分数据库，并链接一些技术方法和建议。另外，通过多媒体方式的应用，注意对一些内容的更新。从而为蔬菜种植户提供较为全面的信息咨询，使其在种植过程中能够科学地防治病虫害。

参考文献

[1] 张冬平.农业现代化问题：研究综述与展望 [A]. 中国三农问题解析：理论述评与研究展望 [C]. 杭州：浙江大学出版社，2012.143.

[2] 宁新田.我国农业现代化路径研究 [D]. 中共中央党校，2010.

[3] 马克思恩格斯全集 (第 46 卷)[M]. 北京：人民出版社，1980.211.

[4] 姚中福.邓小平的农业科技发展思想及其现实启示 [D]. 曲阜师范大学，2014.

[5] 马克思恩格斯选集 (第 2 卷)[M]. 北京：人民出版社，2012.557.

[6] 王丰.列宁关于社会主义农业发展的论述及其当代价值 [J]. 当代世界与社会主义，2016，（5）：60-67.

[7] 列宁全集（第 41 卷)[M]. 北京：人民出版社，1986.301-302.

[8][12] 列宁选集（第 4 卷)[M]. 北京：人民出版社，1995.509，441.

[9][10][11][13] 列宁全集（第 40 卷)[M]. 北京：人民出版社，1986.192.

[14] 毛泽东选集（第 5 卷)[M]. 北京：人民出版社，1977.286.

[15] 毛泽东文集（第 7 卷)[M]. 北京：人民出版社，1999.

[16] 张芬.毛泽东农业思想研究 [D]. 西北农林科技大学，2008.

[17] 农业部科技教育局.中国农业科学技术 50 年 [M]. 北京：中国农业出版社，1999.

[18] 朱登潮.邓小平"三农"思想的当代价值 [J]. 河南师范大学学报(哲学社会科学版)，2007，（3）.

[19] 陈淑娟.邓小平科技兴农思想研究 [D]. 湖南农业大学，2011.

[20] 邓小平文选（第 2 卷)M]. 北京：人民出版社，1994.86.

[21] 邓小平文选（第 3 卷)[M]. 北京：人民出版社，1993.275.

[22] 习近平.习近平：给农业插上科技的翅膀培养新型职业农民 [EB/OL].2013-11-28.[2015-09-13]./http/news.xinhuanet.com/politics/2013-11/28/c_1183 39143.htm.

[23] 习近平.谈"三农"：端牢"饭碗"推进农业强农村美农民富 [EB\OL].[中国经济网]http：//news.xinhuanet.com/politics/2014-08 ／ 13 ／ c_1112 05 7362.htm.

[24] 朱世桂.中国农业科技体制百年变迁研究 [D]. 南京农业大学，2012.

[25] 何磊：国外传统农业向现代农业转变的模式及启示 [J]. 经济纵横，2008，(11).

[26] 胡虹文，杨艳萍.我国农业科技体制改革探索 [J]. 经济体制改革，2003，（5）.

[27] 董江爱，张嘉凌．政策变迁、科技驱动与农业现代化进程 [J].科学技术哲学研究，2016，（10）：104-109.

[28] 田瑞霞，王烽．中外农业现代化与城镇化的比较研究 [J].世界农业，2016，（9）.

[29] 秦富．强化结合促落实：学习年中央一号文件有感 [J].农业经济问题，2012，（2）：4-7.